FLORIANNE KOECHLIN
DENISE BATTAGLIA

WAS ERBSEN HÖREN UND WOFÜR KÜHE UM DIE WETTE LAUFEN

Verblüffendes aus der Pflanzen- und Tierwelt

Lenos Verlag

Die Autorinnen
Florianne Koechlin, geboren 1948, studierte Biologie und Chemie; sie wurde bekannt als Gentechnik-Kritikerin und Autorin. Im Lenos Verlag veröffentlichte sie bislang fünf Bücher. Seit Jahren befasst sie sich mit neuen Erkenntnissen zu Pflanzen und anderen Lebewesen sowie mit zukunftsfähigen Konzepten in der Landwirtschaft und in der Forschung. Daneben malt sie. Sie ist Stiftungsrätin der Zukunftsstiftung Landwirtschaft und lebt in Münchenstein bei Basel. www.blauen-institut.ch.
Denise Battaglia, geboren 1971, studierte Philosophie und Pädagogik in Basel. Sie arbeitet als freie Journalistin und Ethikdozentin und lebt in Zürich.
Florianne Koechlin und Denise Battaglia veröffentlichten zusammen im Lenos Verlag *Mozart und die List der Hirse* (2012).

Der Lenos Verlag wird vom Bundesamt für Kultur mit einem Strukturbeitrag für die Jahre 2016–2020 unterstützt.

FSC
MIX
Papier
FSC® C083411

LP 217
Erste Auflage 2020

Satz und Gestaltung: Lenos Verlag, Basel
Umschlag: Thomas Dinner, Basel
Umschlagillustration: Florianne Koechlin
Printed in Germany
ISBN 978 3 85787 817 6

WAS ERBSEN HÖREN UND WOFÜR KÜHE UM DIE WETTE LAUFEN

INHALT

WORUM ES UNS GEHT

Erbsen hören das Rauschen von Wasser. Ihre Wurzeln wachsen gezielt auf eine Wasserquelle hin. Andere Pflanzen reagieren ebenfalls auf bestimmte Töne, sie wachsen zum Beispiel schneller oder sind besser gegen Dürreperioden gewappnet. Wie ist das möglich? Pflanzen haben doch keine Ohren!

Pflanzen besitzen aber noch viel mehr verblüffende Talente. Eine Forscherin in Berlin untersucht zum Beispiel, wie eine Ulme ihren Frassfeind aufspürt, lange *bevor* dieser sie attackiert. Doch woran erkennt die Ulme ihren zukünftigen Widersacher? Oder dies: Unter dem Boden bilden Buchen, Eschen, Föhren oder Eichen mit vielen verschiedenen Pilzarten eine grosse Lebensgemeinschaft: Sie tauschen untereinander Nährstoffe und sogar Informationen aus. In einem Wald bei Basel spazierten wir mit einer Forscherin über dieses umfangreiche unterirdische Netzsystem aus Wurzeln und Pilzen, das sogenannte Wood Wide Web (WWW). Was bringt diese Gemeinschaft den WG-Mitgliedern, und was kostet sie den Einzelnen?

Auch die Beziehungsnetze von Tieren beeindrucken uns. Die Kuh, sagte uns ein Forscher, den wir auf einer Alp besuchten, habe eine starke Verbindung zu ihrer Umgebung und wähle ihr Menü in der Weide selber – wenn man sie denn lasse. Dabei zeigen sich individuelle Vorlieben: Die eine bevorzugt Klee, die andere die Blüten des Sauerampfers. Ermöglicht der offenbar ausgeprägte Geschmackssinn den Tieren vielleicht jene intensiven Erlebnisse, die das

Sehen und Hören uns Menschen geben? Falls ja, was verwehren wir den Kühen, wenn wir ihnen tagein, tagaus den gleichen Einheitsbrei vorsetzen? Auch der Regenwurm ist ein Gourmet. Ohne den unter Tag arbeitenden Netzwerker gäbe es keine fruchtbaren Böden. Schon Charles Darwin, der den Regenwurm jahrzehntelang beobachtete, war von den Leistungen dieses scheuen Tiers tief gerührt.

Das ökologisch geprägte Weltbild beruht darauf, dass alles mit allem irgendwie vernetzt ist. In den letzten Jahren haben wir neue und faszinierende Einblicke in die unendlich komplexen und dynamischen Netzwerke bekommen, die das Leben ausmachen. Dieses Buch ist eine Fortsetzung der früheren Bücher. Es berichtet von Entdeckungen, die vor einigen Jahren noch als unmöglich galten.

Was aber bringt das Wissen, dass wir alle – Pflanze, Tier und Mensch – in koevolutionäre Prozesse eingebunden und in gegenseitige Abhängigkeiten verstrickt sind? Was bedeutet dies konkret für die Landwirtschaft oder für uns Konsumentinnen und Konsumenten?

Weiter wie bisher ist keine Option. Dass die industrielle Landwirtschaft an ihre Grenzen stösst, zeigt sich besonders deutlich an der Massentierhaltung. Eine Richtungsänderung tut not. Doch dürfen wir Tiere überhaupt töten? Wir Autorinnen sind unterschiedlicher Meinung und legen unsere Positionen dar.

Mit der Frage, wie eine Landwirtschaft von morgen aussehen könnte, reisten wir an die Loire und besuchten eine französische Mikrofarm, die eine immense Vielfalt an Gemüse, Obst und Kräutern auf kleinstem Raum anbaut, ökologisch – und rentabel. Sind vielleicht Mikrofarmen – und nicht Grossbetriebe – die Bauernhöfe der Zukunft? In Südkorea besuchten wir Hansalim, das weltweit grösste und erfolgreichste System einer Solidarischen Landwirtschaft. Und von einem Schweizer Bauern wollten wir wissen, warum Hörner für Kühe so wichtig sind.

Ein renommierter Schweizer Ökonomieprofessor erklärt, was er vom derzeit umstrittenen Freihandel für Lebensmittel hält, und zum Nachtisch erzählt eine buddhistische Nonne in Südkorea, die uns in die Köstlichkeiten der über tausend Jahre alten veganen Küche einführt, was sie mit der Aubergine verbindet.

Beziehungen, das zeigen diese Einblicke, sind der Boden alles Lebendigen. Darin liegt die Zukunft, auch jene der Landwirtschaft.

Florianne Koechlin und Denise Battaglia,
August 2018

I. ERBSEN HÖREN
DAS RAUSCHEN VON WASSER

Gespräch mit Monica Gagliano
von der Universität von Westaustralien

Pflanzen hören Töne. Was noch vor zehn Jahren als unwissenschaftlich, spekulativ und esoterisch abgetan wurde, ist heute vielfach nachgewiesen. Regelmässig erscheinen dazu neue Studien. Vielleicht ist das gar nicht so erstaunlich, denn keine Pflanze, nirgendwo auf der Welt, wächst in einer völlig geräuschlosen Umwelt auf: Bienen summen, Wasser rauscht, Vögel singen, Grillen zirpen, Wind heult, Autoverkehr brummt und knattert. Geräusche können Pflanzen eine Fülle an Informationen über ihre unmittelbare und weitere Umgebung anbieten.

Eine, die schon lange über die Hörfähigkeit von Pflanzen forscht, ist Monica Gagliano, Ökologin an der Universität von Westaustralien in Perth – eine begeisterte junge Forscherin, die an Wissenschaftskonferenzen mit ihren unkonventionellen Hypothesen auch mal aneckt.

Mit einem einfachen Versuch konnten sie und ihr Team nachweisen, dass Pflanzen das Rauschen von Wasser hören: Mit Plastikröhren in Form des Buchstabens Y, der auf dem Kopf steht. Diese Röhren füllten sie mit Erde und setzten oben je einen Erbsenkeimling *(Pisum sativum)* ein.[1] In einem ersten Versuch wollten sie wissen, ob die Pflanzen das Wasser wirklich aufspüren können. Unter ein Bein des umgekehrten Y stellten sie ein Wassergefäss, das andere Bein

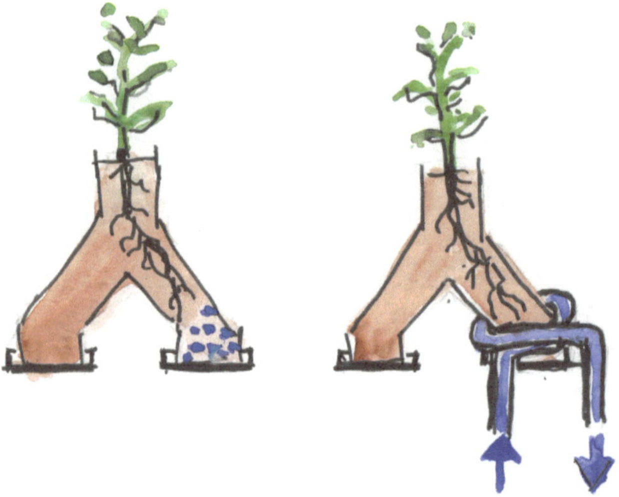

blieb trocken. Fast alle Erbsenpflanzen fanden zuverlässig das Wasser, ihre Wurzeln wuchsen in die Richtung des Beines mit der feuchten Erde. Dass Pflanzen Feuchtigkeit aufspüren können, war allerdings schon bekannt. In einem zweiten Versuch legten sie ein flexibles Plastikrohr um ein Y-Bein und liessen Wasser hindurchfliessen. Die Erde blieb in beiden Y-Beinen trocken. Die Hypothese war: Wenn Pflanzen tatsächlich hören können, dann haben sie einen Hinweis, dass es bei einem Bein Wasser geben könnte. Und tatsächlich: Die Wurzeln fast aller Pflanzen wuchsen auf das Geräusch von fliessendem Wasser zu. Sie konnten das Wasser lokalisieren, obwohl keine feuchte Erde sie lockte, obwohl das Wasser für sie unerreichbar war.

Als ich mich an diesem Dezembertag per *Skype* mit Monica Gagliano unterhalte, ist es in Perth bereits acht Uhr abends, und noch immer dringt Tageslicht durch das Fenster ihres Büros. In Australien ist Sommer.

Monica Gagliano

Monica Gagliano, Sie sind überzeugt, dass Erbsen das Rauschen von Wasser hören. Könnte es nicht bloss Zufall sein, dass die Mehrheit der Wurzeln auf das Geräusch zuwuchs?

Nein. Die Pflanzen vollbrachten diese Aufgabe genauso gut wie jene, die Feuchtigkeit aufspürten.

Genauso gut, wirklich?

Ja, das war eindeutig. Die Erbsenpflanzen wissen, wo sie Wasser finden können. Sie riechen die Feuchtigkeit, ihre Wurzeln wachsen darauf zu. Sie hören, wenn Wasser durch den Boden oder durch ein Rohr fliesst, ihre Wurzeln wachsen dorthin.

Wie aber hören Pflanzen?

Töne, Geräusche sind Vibrationen. Pflanzen spüren diese Vibrationen.

Einen tiefen Basston einer Heavy-Metal-Band nehme ich auch direkt im Bauch wahr, als würde ich von den Tönen berührt. Ich spüre diese Vibrationen – etwa so?

Genau. Töne sind eine Art von Berührung auf Distanz. Pflanzenwurzeln spüren die Vibrationen des rauschenden Wassers, die auf die Erde übertragen werden; sie hören das Rauschen.

Doch wie hören Pflanzen? Sie haben ja keine Ohren!

Wir vermuten, dass die Zellmembranen eine wichtige Rolle spielen. Dort befinden sich viele empfindliche Sensoren, sogenannte Rezeptoren. Bei uns Menschen werden Töne im Ohr in elektrische Signale umgewandelt und dann im Gehirn gelesen. Darauf generieren wir eine Antwort, zum Beispiel einem heranbrausenden Auto auszuweichen. Bei Pflanzen sind das wohl diese Rezeptoren auf den Zellmembranen, die im Prinzip die gleiche Funktion übernehmen. Auch sie wandeln Töne in elektrische Signale um. Daraus werden Antworten generiert: Die Wurzeln wachsen zum Wasser hin. Eine Pflanze hört also mit allen Zellen, am Stängel, in den Blättern, in den Wurzeln. Sie braucht dazu keine Ohren. Aber genau wissen wir das noch nicht.

Wasser kann ganz unterschiedliche Geräusche machen: Ein grosser Wasserfall tönt anders als ein Bächlein oder Wasser, das durch eine Röhre fliesst. Hören Pflanzen alle diese Geräusche?

Ebendies möchten wir untersuchen, zuerst im Labor mit Röhren, durch die wir Wasser mit unterschiedlichen Geschwindigkeiten rauschen lassen. Dann möchten wir in Feldversuchen das Verhalten von Pflanzen bei verschiedenen Wasserquellen untersuchen – das ist sehr aufwendig. Aber es würde grossen Spass machen, hier weiterzuforschen.

Hören alle Pflanzen gleich gut?

Wahrscheinlich nicht. Einige Pflanzen finden Wasser viel besser als andere, sie dirigieren ihre Wurzeln schnell an den richtigen Ort. Vielleicht sind Pflanzen auch an spezielle Orte angepasst. Eine Pflanze, die normalerweise in Lehmböden lebt, hört wahrscheinlich das Wasserrauschen in Lehmböden besser. In einer anderen Umgebung wäre sie nicht so gut.

2011 haben Denise Battaglia und ich einen Weinbauern in der Toskana besucht, der die Hälfte seiner Reben seit über 15 Jah-

ren mit Mozart-Klängen beschallt. Nachher besprachen wir dieses Experiment mit Stefano Mancuso von der Universität Florenz, der dieses Experiment seit Beginn begleitete.[2] *Er war vorsichtig, meinte, dass diese Art Forschung noch stark im Ruch der Esoterik stehe. Das ist offenbar heute anders. Chinesische Forscher zum Beispiel konnten zeigen, dass Pflanzen bei bestimmten Tönen schneller wachsen oder sich besser zur Wehr setzen.*

Das ist wohl nicht so einfach.

Wie meinen Sie das?

Vor ein paar Jahren habe ich Hühnerhirse (*Echinochloa* spp.) untersucht. Dieses Unkraut ist im Reisanbau in Australien ein grosses Problem. Ich wollte herausfinden, ob sich durch Beschallung der Einsatz von Pestiziden verhindern oder zumindest reduzieren liesse. Gewisse Tonfrequenzen haben die Pflanzen tatsächlich beeinflusst, doch viel komplexer, als wir gedacht hatten. Einige Töne beschleunigten die Keimung, hatten aber bei ausgewachsenen Pflanzen keinen Einfluss. Andere Frequenzen wirkten sich nur auf das spätere Wachstum aus.

Wie bei uns!

Genau. Babys haben andere Bedürfnisse als Erwachsene. Das ist auch bei Pflanzen so. Leider erhielt ich keine finanzielle Unterstützung, um die Versuche fortzuführen – eine verlorene Chance. Dieselbe Universität bewilligte damals jedoch grosse Projekte zur Pestizidforschung. Das sind einfach andere Interessen.

Forscher der Autonomen Universität Barcelona traktierten kleine Ackerschmalwand-Pflanzen (Arabidopsis thaliana) *zehn Stunden lang mit sehr lautem Weissem Rauschen*[3] *und liessen sie dursten. Die Pflanzen überlebten. Unbeschallte Kontrollpflanzen hin-*

gegen vertrockneten und gingen ein. Die Forscher fanden bei den lärmgeplagten Pflanzen 89 Gene, die aktiviert worden waren. 23 dieser Gene sind bei der Stressbewältigung aktiv. Der ohrenbetäubende Lärm hatte also die Pflanzen in höchste Alarmbereitschaft versetzt und dazu geführt, dass sie alles mobilisierten: ihre Gene, ihre Physiologie, ihr Verhalten. Nur so konnten sie die Dürre überleben.[4]

Man sieht heute viele solche Experimente. Doch ich bin Ökologin, nicht Molekularbiologin oder Physiologin. Und das ist immer der schwierigste Job. Ein Experiment im Labor ist die eine Sache. Doch die Pflanzen im Feld zu untersuchen ist sehr viel komplexer und schwieriger.

Sie sagen, dass diese Forschung über die Hörfähigkeit von Pflanzen noch ganz am Anfang stehe. Doch können Sie sich praktische Vorteile vorstellen?

Ja sicher. Da ist zum Beispiel das Problem, dass Bäume wortwörtlich auf Kanalisationsröhren losgehen. Ihre Wurzeln wachsen zielstrebig auf sie zu, dringen in sie ein und verursachen jedes Jahr und überall auf der Welt grosse Schäden. Man schätzt, dass mehr als die Hälfte aller Leitungsblockaden durch Baumwurzeln verursacht werden.[5] Wenn die Bäume die Kanalisation tatsächlich nur deshalb finden, weil ihre Wurzeln das Wasser rauschen hören, gäbe es eine einfache Lösung: schalldichte Röhren.

Hören Pflanzen auch Schädlinge, summende Insekten vielleicht?

Meine Kollegin Heidi Appel von der Universität Toledo hatte das Geräusch von kauenden Raupen auf Tonband aufgenommen und Pflanzen vorgespielt. Bereits diese Töne bewegten die Pflanzen dazu, ihre Blätter mit chemischen Abwehrstoffen zu überfluten, um die Angreifer abzuwehren. Das eröffnet grosse Perspektiven! Weitere Forschung müsste zeigen, ob sich der Einsatz von Pestiziden vermeiden liesse, wenn Töne die Abwehrkräfte der Pflanzen mobilisieren könnten. Das wäre eine elegante Lösung. Auf der anderen Seite sehe ich auch Risiken: Wir wissen nicht, welche Auswirkungen die akustische Verschmutzung unserer Landschaft auf die Pflanzen hat.

Was meinen Sie, können Pflanzen auch Mozart-Klänge hören?

Ich glaube nicht. Eine Mozart-Symphonie hat für die Pflanze keine Bedeutung, das ergibt ja gar keinen Sinn. Doch ob es Wasser in der Umgebung gibt oder ob eine hungrige Raupe sich nähert, das ist für sie überlebenswichtig.

Kommen wir nochmals auf die kleinen Erbsenkeimlinge zurück. Wenn Ihre Hypothese stimmt, bedeutet dies: Pflanzen können wählen, ob sie dahin wachsen, wo es feucht ist, oder aber dorthin, wo Wasser rauscht. Können Pflanzen tatsächlich Entscheidungen treffen?

Das haben wir in einem dritten Experiment untersucht. Wir haben einem Erbsenkeimling auf der einen Seite Feuchtigkeit und auf der anderen Seite Wassergeräusche angeboten und waren gespannt, in welche Richtung die Wurzeln wachsen, wenn die Pflanze sowohl die Feuchtigkeit spüren wie auch das Rauschen hören kann. Sie wählte die Feuchtigkeit, fast alle Wurzeln wuchsen zu dieser Seite. Meine Vermutung ist deshalb: Töne verbreiten sich auch unter der Erde sehr schnell und sehr weit. Eine durstende Pflanze kann eine entfernte Wasserquelle hören. Sie kann die ungefähre Richtung ausmachen und ihre Wurzeln dorthin bewegen. Und wenn diese dann erste Spuren von Feuchtigkeit wahrnehmen, können sie den Weg zu immer mehr

Feuchtigkeit suchen und die Wasserquelle lokalisieren. Das ist dann die Feinortung.

Sie meinen also, dass Pflanzen entscheiden können: Zuerst hören sie das Rauschen, und dann folgen sie der Feuchtigkeit. Diese Fähigkeit Pflanzen zuzusprechen ist immer noch sehr umstritten.

Genau das möchte ich in Zukunft untersuchen. Neuere Forschung zeigt, dass Pflanzen sehr nuanciert und detailliert ihre Umgebung wahrnehmen und mit vielen unterschiedlichen Lebewesen kommunizieren, agieren und sich vernetzen. Sie hören das Rauschen von Wasser oder das Summen von Bienen, sie riechen Duftbotschaften von anderen Pflanzen oder Tieren, vernetzen sich unter der Erde, lernen aus Erfahrungen und erinnern sich an vergangene Ereignisse, sie lösen Probleme, sie treffen Entscheidungen – Pflanzen sind also nicht einfach Objekte, die passiv vor sich hinleben, ganz im Gegenteil! Pflanzen sind handlungsfähig. Und da möchte ich weiterforschen: Welche Entscheidungen treffen Pflanzen, und was bedeutet das für sie? Das macht sie für mich noch lebendiger. Wir müssen Pflanzen neu denken, sie uns neu vorstellen. Und doch ist dies noch nicht das ganze Bild. Vielleicht ein Teil davon, erst ein paar Puzzleteile. Plötzlich erscheinen die Pflanzen in einem ganz anderen Licht. Wir können uns für sie begeistern, und dann kommt es mit einem Mal zu einer Zusammenarbeit zwischen ihnen und uns. Und wenn wir anders über Pflanzen denken, dann denken wir auch anders über Menschen.

Was Pflanzen hören – einige Beispiele[6]

Jeder Ton ist durch seine Frequenz (Hertz) und seine Intensität (Dezibel) charakterisiert. Menschen hören Töne mit Frequenzen zwischen 20 und 20000 Hertz. Wir hören mit den Ohren: dem Trommelfell und dem dahinterliegenden Hörsystem. Fruchtfliegen hören Tonvibrationen mit ihren Antennen und Schlangen mit ihren Kieferknochen. Wie Pflanzen Töne hören, wissen wir noch nicht. Eine grosse Rolle spielen Sinneszellen (Rezeptoren) auf den Zellmembranen. Doch die neue wissenschaftliche Disziplin Pflanzenakustik führte in den vergangenen Jahren zu vielen neuen Erkenntnissen:

Beschallte Pflanzenkeimlinge wachsen schneller
Forscher beschallten Pflanzenkeimlinge mit unterschiedlichen Frequenzen. Bohnenkeimlinge *(Phaseolus vulgaris)* zeigten ein maximales Wachstum bei 5000 Hertz, Springkraut (*Impatiens* sp.) bei 12000 Hertz, und auch Chinakohl und Gurken wuchsen bei bestimmten Frequenzen schneller.[7]

Beschallte Pflanzen wehren sich gegen Pilzkrankheit
Ein Team um Bosung Choi[8] von der Yeungnam-Universität in Gyeongsan (Südkorea) hat Ackerschmalwand-Pflanzen *(Arabidopsis thaliana)* zehn Tage lang je drei Stunden mit einem hochfrequenten Ton (1000 Hertz) in hoher Intensität (100 Dezibel) beschallt. Danach infizierte es die Pflanzen mit dem Graufäulepilz *(Botrytis cinerea)*. Die beschallten Pflanzen konnten sich deutlich besser gegen den Pilz wehren als unbeschallte. Ihr Abwehrsystem war durch die Tonbehandlung gestärkt worden.

Durch Schall wird die Reifung von Tomaten verzögert
Wenn Tomaten sechs Stunden lang mit einem hochfrequenten Ton (1000 Hertz) beschallt werden, verzögert sich die Reifung der Früchte. Sie bleiben länger grün. Sie stellen deutlich weniger Äthylen her, ein für die Reifung verantwortliches Hormon. Die Tomaten

hören den Ton und drosseln die Produktion dieses wichtigen Pflanzenhormons.[9]

Pflanzen hören Kaugeräusche

Heidi Appel und ihr Team[10] haben das Geräusch von blätterkauenden Raupen auf Tonband aufgenommen und einer Laborpflanze (Ackerschmalwand) vorgespielt. Diese begann Abwehrchemikalien zu produzieren. Beim zweiten Mal stellte die Pflanze die Abwehrtoxine schneller und in höheren Konzentrationen her – obwohl keine Raupe an ihrem Blatt gefressen hatte. Hat die Pflanze nun einfach die Vibrationen wahrgenommen und sich prophylaktisch zu wehren begonnen, oder hat sie die Raupen an ihren spezifischen Frassgeräuschen erkannt? Um das zu prüfen, bekam die Pflanze zuerst Windgeräusche (andere Frequenzen) und anschliessend Heuschreckengesänge (ähnliche Frequenzen, anderer Rhythmus) zu hören. Beide Male reagierte die Pflanze nicht. Offenbar konnte sie das Kaugeräusch ihrer Frassfeinde wahrnehmen, richtig interpretieren und gezielt darauf reagieren, indem sie ihre Abwehrenzyme und -gene aktivierte. Wie sie dies bewerkstelligt, wissen wir noch nicht.

»Die Natur zeigt uns von dem Löwen zwar nur den Schwanz. Aber es ist mir unzweifelhaft, dass der Löwe dazugehört, wenn er sich wegen seiner ungeheuren Dimensionen nicht unmittelbar offenbaren kann. Wir sehen ihn nur wie eine Laus, die auf ihm sitzt.«
Albert Einstein

Die Düfte der Nachbarin

Pflanzen können nicht nur hören, sie kommunizieren auch rege miteinander und mit anderen Lebewesen – nicht mit Lauten wie wir Menschen (zumindest wahrscheinlich nicht), sondern mit Duftstoffen. Heute sind um die 2000 Duftstoffvokabeln identifiziert, mit deren Hilfe sich Pflanzen verständigen und austauschen.[11, 12, 13] Wir alle wissen, dass eine Rose ihre Bestäuber – und auch uns

Menschen – mit betörenden Düften anzulocken und zu bezirzen vermag.[14] Wir alle kennen den herrlichen Duft von geschnittenem Gras: Für die Pflanzen bedeutet dieser Geruch »Verletzung«. Mit Duftstoffen warnen sich Pflanzen gegenseitig vor Feinden oder vor Dürre, sie senden SOS-Signale aus, locken Nützlinge an, koordinieren gar ihr Verhalten. Maispflanzen zum Beispiel senden bei Raupenfrass ein Duftstoffbouquet aus, um Schlupfwespen anzulocken, welche die Raupen parasitieren. Die Duftstoffe bestehen aus einem Gemisch von Indolen und Terpenoiden, wie Forscher der Universität Neuenburg herausfanden.[15] Werden Sojapflanzen von Blattläusen angegriffen, locken sie mit einem speziellen Duftstoffgemisch Marienkäfer an.[16] Doch wie merkt eine Pflanze, wer gerade an ihr frisst? Das schmeckt sie am Speichel, der durch die Bisswunde ins Blattinnere tropft. Eine Pflanze kann an vielen chemischen Verbindungen des Insektenspeichels erkennen, um wen es sich handelt. Dann ruft sie mit Duftstoffen den geeigneten »Bodyguard« herbei, je nachdem, wer an ihr frisst: ein grossartiges Kommunikationskunststück! Die Ulme wiederum erkennt den Ulmenblattkäfer, sogar lange bevor dieser zu fressen beginnt, lange bevor sie dessen Speichel identifizieren kann. Wie nur macht sie das? Das haben wir Monika Hilker vom Institut für Biologie der Freien Universität Berlin gefragt.

II. DIE ULME UND IHR BODYGUARD

Besuch bei Monika Hilker an der Freien Universität Berlin

Eine Ulme[17] kann bis zu 400 Jahre alt werden. Während dieser Zeit fallen Heerscharen von Insekten über sie her – Raupen, Motten, Käfer, Zikaden, Heuschrecken, Blattläuse, Borkenkäfer und viele mehr. Alle wollen sich von der Ulme ernähren. Sie fressen die Blätter, saugen Saft aus den Leitungsbahnen im Blatt, bohren sich ins Holz oder attackieren die Wurzeln. Auch unzählige Bakterien-, Viren- und Wurmarten bedrohen die Ulme. Sie verändern sich im Laufe der Zeit und greifen mit immer neuen Methoden den Baum an.

Doch die Ulme überlebt, und zwar an Ort und Stelle. Der Baum kann bei Gefahr nicht einfach fliehen, wie Tiere und Menschen es tun. Um so erfolgreich zu sein, braucht er ein ganzes Arsenal unterschiedlichster Abwehrstrategien. Eine davon untersucht Monika Hilker mit ihrer Arbeitsgruppe am Institut für Biologie der Freien Universität Berlin. Sie fand heraus, wie der Baum mit Duftstoffen Bodyguards rufen kann. Das ist besonders im Fall des Ulmenblattkäfers *(Xanthogaleruca luteola)* wichtig: Das rund sechs Millimeter grosse, gelblich-olivfarbene Insekt mit dem schwarz gestreiften Rücken befällt in einigen Gebieten der USA und Australiens ganze Ulmenwälder und bewirkt deren nahezu vollständige Entlaubung.

Das kleine Institut liegt nur wenige Schritte vom Botanischen Garten entfernt, inmitten lauschiger, grosser Bäume. Vor dem Haupteingang stehen ein Tisch und Plastikstühle – es herrscht eine fast familiäre Atmosphäre. Ein Student in Shorts und buntem T-Shirt führt uns zu Monika Hilker. Die Forscherin lässt in ihrem kleinen, schattigen Büro Kaffee servieren. Neben der Tür hängt ein grosses Plakat vom Ulmenblattkäfer.

Frau Hilker, drohen uns in Europa ähnlich verheerende Schäden, wie sie der Ulmenblattkäfer zum Beispiel in Kalifornien verursacht?
Nicht unbedingt, denn hier hat der Käfer einen gewichtigen Gegenspieler: eine zierliche Schlupfwespe. Sie entwickelt sich in den Eiern der Käfer und frisst sie dabei von innen aus. Dadurch sorgt sie für ein gewisses Gleichgewicht. Die Schlupfwespen steuern gezielt auf die Käfereier zu, bevor die Larven geschlüpft sind.
Wie findet die Schlupfwespe die Käfereier?
Wenn ein Ulmenblattkäfer-Weibchen seine Eier an ein Ulmenblatt klebt, verrät es sich bereits. Das Weibchen kratzt vor der Eiablage die Oberfläche eines Blattes an, nagt eine flache Mulde in die Blattoberhaut und klebt dann seine Eier mit einem speziellen Klebstoff in der Mulde fest. Diesen Kleber erkennt die Ulme, er bedeutet Gefahr. Die Ulme produziert darauf ein Duftstoffgemisch – quasi ein SOS-Signal –, mit dem sie ihre Verbündeten, die Schlupfwespen, anlockt. Die Schlupfwespen steuern gezielt auf Ulmenblätter mit Käfereiern zu, bevor die Larven geschlüpft sind, also bevor sie überhaupt zu fressen beginnen.[18] Das ist erstaunlich!

Wie haben Sie das herausgefunden?
Im Labor haben wir den Klebstoff aus dem Eileiter der Käferweibchen herauspräpariert und auf Ulmenblätter gestrichen – der Baum begann sofort mit der Duftstoffproduktion, auch wenn gar keine Eier am Blatt klebten. Das war der Beweis.

Monika Hilker im Ulmen-Gewächshaus

Wie lange dauert es, bis die Ulmen das SOS-Signal aussenden?
Bei der Ulme dauert es einige Stunden, sie reagiert also recht schnell. Wir haben ähnliche Untersuchungen bei der Waldkiefer gemacht, die von Blattwespen befallen wird. Diese fressen grosse Mengen an Kiefernnadeln. Auch die Waldkiefer erkennt den Schädling bereits bei der Eiablage am Klebstoff – doch bei ihr dauert es drei Tage, bis sie SOS-Signale aussendet.
Können wir Menschen diesen SOS-Duftstoff riechen?
Wir konnten mit einer Analyse der Blattdüfte[19] feststellen, dass mit Eiern belegte Blätter und solche ohne Eier unterschiedliche Duftmuster aufzeigen. Ein Duft besteht ja oft aus vielen Komponenten – im Blattduft der Ulme findet man dreissig bis vierzig von ihnen; es ist also ein hochkomplexes Gemisch. Es gab klare Unterschiede zwischen den eierbelegten und eifreien Blättern.
Aber selbst kann ich diese feinen Unterschiede nicht riechen?
Kaum. Wir hatten einmal einen Doktoranden, der konnte tatsächlich mit verbundenen Augen riechen, ob Kiefern-

Ulmenblatt

zweige eierbelegt waren oder nicht. Er hatte wohl einen sehr ausgeprägten Geruchssinn.

Können auch die Nachbarbäume diesen Duftstoff riechen und daraus schliessen, dass ihnen Gefahr droht?

Das untersuchen wir aktuell. Uns interessiert, ob noch nicht mit Eiern belegte Zweige durch Düfte der eierbelegten Zweige vorgewarnt werden und ob auch Nachbarbäume diese Botschaft verstehen und sich zu wehren beginnen. Wir erwarten gerade ein Päckchen mit Ulmenblattkäfern aus Frankreich. Ein französischer Kollege sammelt diese für uns dort ein.

Warum Frankreich? Gibt es dort besonders viele Ulmen?

Ja, auch eine grosse Ulmenblattkäfer-Population. Die Käfer setzen wir anschliessend auf unsere Ulmen im Gewächshaus und starten die Experimente. Sobald die Käferweibchen ihre Eier ablegen, untersuchen wir die Duftstoffgemische.

Erkennt die Ulme ihren Feind ganz genau?
Ja, das haben wir auch getestet. Wir untersuchten, ob und wie die Ulme auf die Eiablage eines nahen Verwandten des Ulmenblattkäfers reagiert – da passierte nichts. Es kamen keine Schlupfwespen an, die auf Eier des Ulmenblattkäfers spezialisiert sind. Die Ulme reagiert also ganz gezielt nur beim Ulmenblattkäfer.

Monika Hilker führt durch das Gewächshaus mit den Ulmen. Sie zeigt auf die grossen, gezackten und spitz zulaufenden Blätter eines Baums, die typisch sind für die Feldulme. Ein Gewächshaus ist leer, wegen Blattläusen mussten alle Ulmen entfernt werden. Monika Hilker ist eine zurückhaltende Person, sie spricht mit leiser Stimme, braucht wenig Gesten, doch ihre Faszination für diese jungen, hellgrünen Bäume ist spürbar.

Die Ulme, sagt sie, besitze noch viele weitere Abwehrstrategien. Schon nur mit ihrer starken Borke halte sie viele Angreifer fern. Die meisten Ulmen hätten zudem raue und behaarte Blätter. Das hindere manche Insekten daran, mit ihren Mundwerkzeugen überhaupt ans Blatt zu gelangen.[20] Beeindruckend ist auch die chemische Apotheke des Baums: Er produziert Moleküle, die die Angreifer vertreiben und mit ihrem Duft in die Flucht schlagen, oder solche, die Insekten schädigen oder gar giftig für sie sind, oder auch solche, die einfach nur ihre Verdauung hemmen. Auch gegen Mikroben besitzt die Ulme ein ganzes Arsenal unterschiedlichster Abwehrstoffe und Toxine, zum Beispiel Moleküle, die Mikroben-Zellwände auflösen, und solche, die für diese Kleinstlebewesen giftig sind.[21] Auch hat die

Ulme wie jede Pflanze eine Art Immunsystem, ähnlich wie Tiere oder Menschen. Und es gibt noch ganz andere Abwehrstrategien: Ulmen können Schädlinge durch gezielte Wachstumsänderungen abwehren. So können sie ihre Gefässe verengen und gar mit einem Gel verschliessen, um Pilze und Bakterien an der Verbreitung zu hindern. Und manchmal lässt der Baum das Gewebe dort, wo der Schädling gerade eindringt, absterben. Damit ist der Angreifer schnell isoliert und verhungert buchstäblich.

Doch, fährt Monika Hilker fort, so raffiniert eine Ulme ihre Feinde abwehren könne, ein grosses Problem bleibe: Der Verursacher des Ulmensterbens, der um 1900 weltweit Millionen Ulmen zerstörte, könnte wieder zuschlagen.

Wer verursachte das Ulmensterben?

Verantwortlich dafür ist ein Schlauchpilz[22]. Der Pilz produziert viele Sporen, die zum Beispiel an einem Borkenkäfer hängenbleiben. Der Borkenkäfer frisst sich Gänge in den Stamm und in die Äste – und transportiert so die Sporen ins Bauminnere. Dort breitet sich der Schlauchpilz aus: Er durchwuchert und zerstört mit der Zeit die Leitungsbahnen. Der Baum wiederum versucht, die befallenen Leitungsbahnen zu verschliessen. Dann funktioniert aber der Stofftransport nicht mehr richtig. Die Äste sterben langsam ab, immer mehr, bis der ganze Baum darbt.

Wird an Gegenstrategien geforscht?

Es gibt zahlreiche Arbeitsgruppen, die sich mit dem Ulmensterben befassen. Einige versuchen, gezielt resistentere Ulmen zu züchten, andere forschen nach Wegen, das Immunsystem der Ulme zu unterstützen. Wieder andere versuchen, Ulmen mit einem Pilz zu infizieren, der weniger gefährlich ist als der Schlauchpilz, damit sich der Baum für Letzteren rüsten kann.

Wie eine Aktivimpfung beim Menschen?

Ja, genau. Es gibt schon erste Erfolge mit diesen Impfungen.

Der Schlauchpilz wurde übrigens bereits im 19. Jahrhundert nach Europa eingeschleppt, vermutlich mit Verpackungsmaterial aus China.

»Der Baum, der manche zu Tränen der Freude rührt, ist in den Augen anderer nur ein grünes Ding, das im Wege steht.«
William Blake

Kommunikation oder Signalaustausch?

Kommunizieren Pflanzen wirklich, oder tauschen sie lediglich Signale aus? Reagieren sie bloss reflexartig auf eintreffende Signale? Sind sie eine Art raffinierter biologischer Automat, also ein programmiertes System, bei dem die Antworten eincodiert sind? Kommunikation heisst: Signale austauschen, interpretieren, darauf antworten. Können das Pflanzen wirklich? Diese Frage ist immer noch sehr umstritten, doch die Anzahl derer, die davon überzeugt sind, wächst. Einer davon ist der Sprachwissenschaftler und Biologe Günther Witzany.[23] Am Beispiel der Tomate erläutert er: Wenn die Pflanze von Raupen angegriffen wird, produziert sie neben Abwehrstoffen auch Duftsignale, mit denen die Nachbarinnen vor der Gefahr gewarnt werden. Das Duftsignal besteht aus Methyljasmonat, einem auch in Parfums oft verwendeten Molekül. Die Nachbarpflanze der von Raupen befallenen Tomate lebt immer inmitten einer Duftstoffwolke aus Tausenden verschiedenen Duftmolekülen. Wenn das Warnsignal Methyljasmonat neu dazukommt, muss die Tomatenpflanze diesen speziellen Duft im grossen Duftgemisch erst erkennen und von anderen unterscheiden können. Sie muss sodann interpretieren können, dass die Duftvokabel in dieser Situation Gefahr bedeutet. In anderen Zusammenhängen, zu anderen Zeiten hat Methyljasmonat andere Bedeutungen. Erst jetzt antwortet sie darauf und beginnt, Stoffe zu produzieren, die ihre Blätter für die Raupen ungeniessbar machen. Dieses komplexe Verhalten geht weit über einen Signalaustausch hinaus, es erfüllt die Voraussetzungen echter Kommunikation.[24] Dank ihren Kommunikationsmöglichkeiten können Pflanzen auch mit neuen, vorher nie erlebten Situationen umgehen.

Abgase zerstören die Duftsprache der Pflanzen[25,26]

Myrcen, ein Duftstoff »mit einem pfeffrigen Waldgeruch und einem Hauch von Karotten«,[27] ist Teil des Duftstoffvokabulars von Rosen, Orchideen, Tabak, Tomaten und vielen anderen Pflanzen. Robbie Girling und seine Gruppe von der Universität Reading fanden heraus, dass dieser florale Duft besonders schnell von Dieselauspuffgasen zerstört wird – und das kann Bienen gehörig durcheinanderbringen. Das Team entfernte Myrcen aus dem Duftbouquet verschiedener Blüten. Über 60 Prozent der Bienen fanden daraufhin die Blüten nicht mehr und flogen ziellos herum.
Abgase des motorisierten Verkehrs und von Kraftwerken, allen voran Dieselauspuffgase, enthalten die Gase Stickoxid und Ozon, die mit vielen Pflanzendüften reagieren und sie zerstören. Limonen[28] zum Beispiel, eine Duftstoffvokabel von Orangen- oder Zitronenblüten, wird von Ozon in kurzer Zeit in 1200 verschiedene Bestandteile zersetzt. Andere Duftstoffe werden nicht, nicht vollständig, viel langsamer oder ebenfalls schnell von Abgasen abgebaut.
Die Luftverschmutzung beeinflusst auch die »Lautstärke« der pflanzlichen Kommunikation. James Blande und seine Gruppe von der Uni-

versität von Ostfinnland in Kuopio[29] konnten das bei Limabohnen nachweisen. Nach einem Spinnmilbenangriff senden die Pflanzen Duftstoffe aus, welche die Nachbarinnen warnen. In sauberer Luft erreichen diese Botschaften Nachbarpflanzen leicht bis in eine Entfernung von 70 Zentimetern, bei einer Ozonbelastung von 80 ppb (parts per billion) nur noch höchstens 20 Zentimeter. Zum Vergleich: In städtischen Regionen erreicht die Ozonbelastung oft 100, manchmal auch 200 ppb.
Die Duftsprache der Pflanzen wird durch die Luftverschmutzung verstümmelt und entstellt. Mit verheerenden Folgen: Insekten können sie nicht mehr entziffern, Bestäuber verlieren die Orientierung, Pflanzen können sich nicht mehr gegenseitig warnen oder Nützlinge um Hilfe rufen, weil diese sie nicht mehr verstehen. Damit wird die Luftverschmutzung zu einer Bedrohung ganzer Ökosysteme. Es sei nicht übertrieben, zu sagen, dass die Luftverschmutzung mitschuldig sei am alarmierenden Rückgang fliegender Insekten, schreibt Robbie Girling.
Übrigens: Rosen duften in einer Stadt oft weniger stark als auf dem Land. Forscher nehmen an, dass ihre Duftstoffmoleküle von Stickoxiden und vom Ozon des täglichen Verkehrs dezimiert werden.

Ein massiver Eichentisch wiegt etwa 65 Kilogramm. Ernst Zürcher schreibt: »Diese Masse setzt sich wie folgt zusammen:
32,4 kg (ca. 50%) Kohlenstoff;
28,5 kg (ca. 44%) Sauerstoff;
3,9 kg (ca. 6%) Wasserstoff.
Alle drei Elemente entstammen der Atmosphäre und dem Wasserkreislauf. Lediglich das Gewicht der Asche von 200 Gramm (0,3%) würde auf den Anteil mineralischer Substanzen aus dem Boden zurückgehen, wenn der Tisch verbrannt würde. Somit wird klar: Dieser Tisch besteht aus himmlischen Stoffen!«[30]

III. WWW – DAS WOOD WIDE WEB

Gespräch mit Hans-Peter Rusterholz und Verena Wiemken von der Universität Basel

1999 tobte der Orkan Lothar über Frankreich, Deutschland und der Schweiz. Er fegte ganze Waldflächen kahl; Bäume lagen wie aus der Schachtel geworfene Zündhölzer kreuz und quer durcheinander. Im Plattenjura im Nordwesten der Schweiz wurden manche dieser zerstörten Waldflächen mit jungen, rund zwei Meter hohen Buchen aufgeforstet, weil diese Bäume im Jura heimisch sind. Acht Jahre später machten die Förster eine merkwürdige Beobachtung: Auf einigen Waldflächen wuchsen die Buchen kräftig und waren bereits fünf Meter hoch. Auf anderen hingegen blieben sie klein und schwächlich. Sie standen vor einem Rätsel.

Gemeinsam mit der Fachgruppe Naturschutzbiologie der Universität Basel diskutierten sie verschiedene Hypothesen. Standen die schwächlich wachsenden Buchen vielleicht auf ungünstigem Boden, weil die Fichten, die hier vor dem Orkan gewachsen waren, die ganze Bodenchemie verändert hatten? Da erzählte ein Förster beiläufig, dass er an den Orten mit den kleinen Buchen jeweils das rosablühende Drüsige Springkraut *(Impatiens glandulifera)* beobachtet habe. Vermutlich sei dies nicht wichtig, es handle sich ja nur um eine einjährige Pflanze. »Da wurden wir hellhörig«, erinnert sich Hans-Peter Rusterholz, Wissenschaftler in der Fachgruppe Naturschutzbiologie (NLU) der

Universität Basel. Sie starteten gemeinsam ein Forschungsprojekt.

Das Drüsige Springkraut ist ein invasiver Neophyt[31]. Die Gruppe untersuchte nun, ob es andere Pflanzengemeinschaften schädigt. Auf drei Waldparzellen in der Nähe von Zwingen im Kanton Basel-Landschaft pflanzte sie über 1000 junge Bergahorn- und Buchenbäume aus: zum einen auf mit Springkraut bewachsenen Flächen, zum anderen auf Flächen, aus denen die invasive Pflanze entfernt worden war, und zum dritten auf Flächen, die noch nicht vom Springkraut besiedelt worden waren. Das Resultat war eindeutig: Alle Jungbäume, die inmitten von Springkraut wuchsen, waren schwächlich, ihre Wurzeln waren nur von wenig Pilzgeflechten umgeben. Junge Bäume, in deren Umgebung kein Springkraut wuchs, gediehen hingegen prächtig. Die Forscher stellten fest, dass die Blätter des rosablühenden Drüsigen Springkrauts grosse Mengen Naphthochinon enthalten, ein Pilzgift. Der Regen wäscht diesen Stoff aus den Blättern, und in der Erde schädigt es dann vor allem das sogenannte Mykorrhizanetzwerk.

Mykorrhizanetzwerk? Mykorrhiza bezeichnet das Pilz-Wurzel-Geflecht unter dem Boden. Es handelt sich um ein riesiges unterirdisches Netz, auf das viele Bäume angewiesen sind, auch die Buchen.

»Doch die Buchenkeimlinge in der Nähe von Springkraut sind kaum gewachsen«, erklärt Rusterholz. Wie das Pilzgift dieses unterirdische Netzwerk beeinträchtigt, ist noch unklar. Die Forscher haben erst nachgewiesen, dass das Naphthochinon in den Boden ausgeschieden wird. Ob das Gift durch das Mykorrhizanetz transportiert wird oder ob es das Netz einfach schwer schädigt, wissen sie noch nicht. »Das werden wir untersuchen, indem wir das Naphthochinon chemisch markieren, um seinen Weg zu verfolgen«, sagt Rusterholz. Er geht bei der Invasionsstrategie des Springkrauts von einer »Hypothese einer neuartigen Waffe« aus: Naphthochinon ist ein Gift, das unser Ökosystem bislang nicht kennt. »Die Bäume und die Pilze unserer Wälder können sich nicht dagegen wehren. Es handelt sich um eine effiziente, neue Waffe, mit der sich das Drüsige Springkraut viel Platz, viel leere Fläche und viel Licht erobert«, sagt der Forscher.

Der invasive Neophyt wurde einst aus dem Himalaja eingeschleppt. In locker aufgewühlten freien Waldflächen, wie sie nach einem Sturm oder einem Kahlschlag entstehen, fühlen sie sich besonders wohl, hier vermehren und verbreiten sie sich rasant. Es gibt zwar auch einheimische Springkräuter, wie das gelbblühende Grosse Springkraut *(Impatiens noli-tangere),* dieses produziert aber kein Naphthochinon.

Hans-Peter Rusterholz und sein Team haben die Auswirkungen des Springkrauts direkt im Wald erforscht, was ungewöhnlich ist. Die konventionelle Forschung beginnt meist im Labor, wechselt danach in den Feldversuch, und erst an dritter Stelle kommt die natürliche Umgebung. Rusterholz und seine Gruppe machten das Gegenteil. »Ich denke, man muss die natürliche Situation haben. Mit allen Variationen. Darum untersuchen wir auch sehr viele Bodenfaktoren, wie den Säure- oder Nährstoffgehalt, am Schluss dann auch im Labor«, erklärt der Wissenschaftler. Dieser Forschungsansatz ist sehr aufwendig. »Es kann schon Jahre dauern, bis wir von einem Waldbesitzer die Bewilligung für ein Stück Wald erhalten, das mit dem öffentlichen Verkehr gut zu erreichen ist, damit die Studentinnen und Studenten es regelmässig untersuchen können. Und sollte eine Wildschweinherde während des Versuchs auf dieser Fläche rumoren, ist der ganze Versuch im Eimer.«

Mykorrhiza also. Wie lebenswichtig diese enge Pilz-Wurzel-Gemeinschaft für einen Wald ist, weiss Verena Wiemken, Mykorrhizaexpertin an der Universität Basel. Wir wandern mit ihr durch einen Wald bei der Landskron nahe Basel. »Im Wald sehen wir einzelne, individuelle Bäume und können sie benennen: eine Buche, eine Esche, eine Föhre oder eine Tanne. Würden wir unter den Boden blicken, würden wir keine Individuen mehr auseinanderhalten können, sondern sähen ein einziges riesiges Geflecht, ein Ineinander von Wurzeln, verbunden durch Pilzfäden«, sagt sie. Die Pilze verbinden fast alle Waldbäume, so auch die Ulme, die wir bereits kennengelernt haben. Das Netzwerk verbindet Bäume derselben Art, aber auch unterschiedliche Baumarten, zum Beispiel Buchen mit Fichten. »Die Gemeinschaft von Pilz und Wurzeln lebt symbiontisch als Lebensgemeinschaft. Unter dem Boden ist die Individualität aufgehoben«, erklärt Verena Wiemken.

Das Mykorrhizanetz der Waldbäume ist vielfältig: Es gibt weltweit 5000 bis 20 000 Pilzarten, die diese Lebensgemeinschaft eingehen. Viele bekannte Speisepilze, wie Eierschwämme, Steinpilze oder Birkenröhrlinge, aber auch der giftige Fliegenpilz sind mit ihren Pilzfäden (Hyphen) Teil dieses unterirdischen Mykorrhizanetzes. Die Fruchtkörper stellen nur einen sehr kleinen Teil des Pilzes dar. Viel mehr Pilz steckt in den Netzwerken.

Wir wandern auf einem breiten Weg entlang des Waldrandes. Verena Wiemken deutet auf einzelne Bäume: »Diese Buche hier und jene Fichte dort drüben leben mit rund 25 bis 50 Pilzarten zusammen.« Der Baum liefert den Pilzen Zuckerverbindungen, die er aus Sonnenlicht und Kohlendioxid selbst herstellen kann (Photosynthese). Die Pilze wiederum liefern dem Baum Nährstoffe wie Stickstoff oder Phosphate, die sie aus dem Boden gewinnen. Die Bäume lassen sich diese Symbiose etwas kosten: Sie geben bis zu 30 Prozent ihrer selbstproduzierten Zuckerverbindungen an das Mykorrhizanetz ab. Aber erhielte ein Baum im Wald von den Pilzfäden keine Mineralnährstoffe, würde er so klein wie ein Spielzeugbäumchen bleiben. Bäume und Pilze sind ganz und gar aufeinander angewiesen.

Verena Wiemken

Verena Wiemken nimmt aus ihrem Rucksack eine kleine Schaufel und gräbt einen Buchenkeimling aus. Pilzfäden sind nicht zu sehen. »Die Keimlinge müssen sich im ersten Jahr ans Mykorrhizanetz andocken. Allerdings sterben im ersten Jahr sehr viele Keimlinge sicher auch, weil der Anschluss ans Pilznetzwerk nicht gelingt«, sagt Verena Wiemken. Das wäre wohl auch bei diesem kleinen Buchenkeimling passiert.

Mykorrhiza-Pilzfäden bilden eine Art Schutzmantel um die Wurzeln der Bäume. Sie stülpen sich wie ein Handschuh über die Wurzeln. Die Wurzelhaare, die Nährstoffe aufnehmen könnten, werden von den Pilzfäden eingepackt und sterben dadurch ab. Die Pilzfäden können Nährstoffe im Boden effizienter aufspüren. Sie sind dünner und viel länger als Wurzelhaare und gelangen eher an für Wurzeln schwer zugängliche Nährstoffquellen. »Die Pilze bilden ein geniales Netzwerk«, sagt Verena Wiemken. »Wenn es irgendwo zerstört wird, übernehmen andere Partien die Funktion des Nährstofftransportes. So gibt es keine Pannen mit Wartezeiten, wie dies beim Bahntransport öfters vorkommt.«

Seit einigen Jahren ist nachgewiesen, dass die Waldbäume *darüber hinaus* auch Nährstoffe untereinander austauschen, dass sie also das gemeinsame Netz als eine Art unterirdisches Transportsystem gebrauchen, um sich zum Beispiel gegenseitig Nährstoffe zuzuführen und voneinander zu profitieren.

Bei Krautpflanzen inner- und ausserhalb des Waldes ist ein solcher Nährstoffaustausch gut untersucht. Rund 90 Prozent dieser Pflanzen bilden auch ein unterirdisches Mykorrhizanetz, das sich aber von jenem im Wald unterscheidet.[32] Pionier auf diesem Gebiet ist Verena Wiemkens Mann Andres. Der emeritierte Professor der Universität Basel konnte 2012 mit einem raffinierten Versuch zeigen, dass Hirse und Flachs, zwei nicht miteinander verwandte Pflanzen, unter dem Boden via Mykorrhizanetz tatsächlich Zuckerverbindungen und Nährstoffe miteinander austauschen.[33,34,35]

Das Mykorrhizanetz im Wald ist viel weniger gut erforscht. »Es ist komplex und vielschichtig, zudem sehr schwer zu untersuchen. Wie das Netzwerk unter dem Boden funktioniert, wer was erhält und wer was gibt, ist immer noch ein grosses Geheimnis«, betont Verena Wiemken.

Eine, die dieses Waldnetzwerk ebenfalls erforscht, ist Suzanne Simard von der Universität von British Columbia in Vancouver. Ihr Team konnte zeigen, dass Douglastannen das unterirdische Netz dazu benutzen, um Zuckerverbindungen miteinander zu teilen. Auch Stickstoff und Botenstoffe tauschen sie gemäss der Forscherin unter dem Boden aus. Bäume, die mit Douglasien nicht verwandt seien, wie Birken oder Buchen, hingen am gleichen Netz und beteiligten sich am Austausch, schreibt Suzanne Simard. Und werde ein Baum verletzt, scheinen dessen Abwehrsignale durch das Netz zu den Nachbarn zu gelangen. Diese beginnen sich ebenfalls zu wehren.[36] Ein mehrschichtiges Netz, das Wissenschaftsjournalisten WWW getauft haben: das Wood Wide Web. Wie Verena Wiemken betont auch das kanadische Forscherteam, wie wenig man erst über dieses WWW weiss.

Wir sind in einem eingezäunten, lauschigen Waldgarten angekommen, dem Garten des Mykorrhizaforscher-Ehepaars Wiemken. Der Wald an der Landskron sei für sie ein »spezieller Wald, weil er noch einigermassen naturnah ist«, sagt Verena Wiemken. Man spüre hier auch die Anwesenheit von Tieren. »Rehe, Dachse, Füchse, viele Vögel, Fledermäuse, Insekten sind in der Überzahl und nicht der Mensch.« Die Stimmung in diesem Wald sei für sie deshalb »freudiger« als in einem Stadtwald. Auch hier, am Rand ihres Gartens, wachsen Hunderte Baumkeimlinge, Ahorn, Eschen, Buchen.

Ganz anders ist für sie der Allschwilerwald bei Basel. Hier werde der Wald von Joggern, Bikerinnen, Hundehaltern, Reiterinnen und grillierenden Familien rege benutzt, und dies nicht nur auf den Wegen. Gemeinsam mit Hans-Peter Rusterholz, weiteren Forschern der Universität Basel[37] und Förstern hat sie eine Trampelstudie durchgeführt. Die Förster wollten wissen, ob im so stark genutzten Wald allenfalls mit einem Absterben der Bäume und ihrer lebenswichtigen Symbiosepartner, der Pilze, zu rechnen sei. Denn: Im Frühling sieht man in diesem Wald ebenfalls Hunderte, ja Tausende kleine Baumkeimlinge, doch zwei Monate später sind die meisten verschwunden. Ihre Untersuchungen ergaben, dass die Keimlinge zertrampelt werden und eine Verjüngung des Waldes daher nicht stattfinden kann. Die Überlebensrate war nach einem halben Jahr kleiner als ein Prozent. In ungestörten Gebieten betrug die Überlebensrate im gleichen Zeitraum etwa 50 Prozent. Auch die Vielfalt an Sträuchern und Bodenpflanzen war in den Trampelgebieten markant geschrumpft, die alten Bäume waren aber nicht gefährdet. Der Boden wurde bislang trotz der starken Nutzung durch den Menschen nicht verdichtet, er regeneriert sich mit Hilfe der Bodenlebewesen. Die Humusschicht auf betrampelten Flächen war sogar reicher als in weniger genutzten Teilen des Waldes, weil die Menschen mit ihren Schuhen das von den Bäumen fallende Laub »effizient in den Boden treten«, erklärt Verena Wiemken, und dies fördere die Bildung von Humus. Eine weitere gute Nachricht war, dass die niedergetrampelten eintönigen Waldflächen, die mit einem Betretungsverbot belegt worden waren, sich nach sechs Jahren erholt hatten. Die Artenvielfalt war markant angestiegen, und die Baumkeimlinge gediehen gut.

Wesentlich problematischer sind die durch schwere Holzerntemaschinen verursachten Schäden, wie die Eidgenössische Forschungsanstalt für Wald, Schnee und Landschaft WSL in einem mehrjährigen Projekt herausfand.[38] Im verdichteten Boden der Fahrspuren wurden die Hohlräume zusammengepresst, die Vernetzung der Poren zerstört, der Luft- und Wasseraustausch weitgehend unterbunden. Mykorrhizen verschwanden fast ganz, ebenso Regenwürmer und unzählige andere Kleinlebewesen. An ihre Stelle traten Fäulnisbakterien, die das Baumwachstum hemmten. Das Forscherteam vermutet, dass durch die schwere Schädigung der Mykorrhizanetze auch Bäume, Sträucher und Krautpflanzen weit jenseits der verdichteten Fahrspuren in Mitleidenschaft gezogen werden. Erstaunlich: Die grössten Schäden traten erst nach sechs bis zwölf Monaten auf. Nach vier Jahren litten die meisten Mykorrhizapilze immer noch unter der starken Verdichtung. Fazit der Studie: Wenn der Boden einmal verdichtet ist, kann eine Erholung Jahrzehnte bis Jahrhunderte dauern.

Das eingeschleppte rosablühende Drüsige Springkraut, eine durch Waldmaschinen verursachte Bodenverdichtung, ja bereits ein Herumtrampeln auf dem Waldboden können Auswirkungen haben, die weit über den Ort und die Zeit des Geschehens hinausgehen. All dies sind Eingriffe in ein hochkomplexes Netzwerk. Denn jeder Baum bildet intime Partnerschaften mit Millionen von Kleinstlebewesen und Pilzen, mit anderen Bäumen, Pflanzen und Tieren, Partnerschaften in quasi jedem Lebensprozess, und das seit vielen Millionen Jahren. Zu diesem Netz gehört auch der Regenwurm, der Held des nächsten Kapitels.

WWW: »Mutterbäume« ernähren ihre Jungen

Alte Douglastannen »füttern« ihre Keimlinge durch das unterirdische Pilz-Wurzel-Geflecht mit Kohlenhydraten. So können die kleinen Douglastannen auch an dunklen Orten ohne viel Sonnenlicht gedeihen. Wichtig ist, dass sie an das Netz angeschlossen sind und vom Mutterbaum versorgt werden können. Die Keimlinge mit dem besten Zugang zu diesen Netzwerken sind am gesündesten. Das ergaben Untersuchungen von Suzanne Simard von der Universität von British Columbia. Alte Bäume sollten daher nicht vorschnell aus dem Wald entfernt werden.[39]

Wertvoller Schutzwald dank Vielfalt und Netzsystemen

In vielen Schweizer Bergregionen schützt ein Schutzwald vor Lawinen, Überschwemmungen, Murgängen, Steinschlag oder Hangrutschen. Ein guter Schutzwald ist immer durchmischt: Fichten, Lärchen, Bergahorn, Arven oder Föhren, manchmal Roter Holunder oder Vogelbeeren wachsen hier im Verbund, je nach Lage und Höhe. Es gibt auch ein Gemisch aus jungen und alten Bäumen. Auch wenn die Pflege etwas kostet, so ist es die günstigste Methode, um vor Naturgefahren zu schützen: Ein Hektar Lawinenverbauung kostet eine Million Franken, die gleiche Fläche Schutzwald 40000 Franken. »Der Wald ist nicht nur die günstigste Lösung, sondern auch die schönste und die ökologischste. Er bietet Lebensraum für viele Tier- und Pflanzenarten und dem Menschen einen stillen Ort, um sich zu erholen«, schreibt Hans-Martin Bürki-Spycher.[40]

Mykorrhizapilze und Bodenmikroben statt synthetischem Dünger

Um bis zu 40 Prozent lassen sich die Ernteerträge steigern, wenn dem Boden bei der Aussaat nützliche Bodenmikroorganismen – sogenanntes Bioinokulat – zugesetzt werden. Darunter fallen auch Mykorrhizapilze. Dies ergab eine weltweite Metastudie des Forschungsinstituts für biologischen Landbau FiBL in Frick und der

Universität Basel. In trockenen Gebieten führte der Einsatz von Mikroorganismen zu den höchsten Ertragssteigerungen. Für ihre Metastudie untersuchten die beiden Teams 171 Studien aus der ganzen Welt.[41]

»Der Riesen-Mammutbaum *(Sequoiadendron giganteum)* (…) hat eine Gesamtbiomasse von schätzungsweise 1200 Tonnen (…). Nach Angaben des USDA Forest Service enthält ein Kilogramm Saatgut dieser Art 200 000 Körner, was einem Gewicht von 0,005 Gramm pro Korn entspricht. Diese winzige Masse – die dennoch schon einen *Sequoiadendron giganteum* darstellt – wurde im Verlauf der 2200 Jahre Wachstum um den Faktor 240 Milliarden vervielfacht!«, schreibt Ernst Zürcher.[42]

IV. »JE MEHR MAN ÜBER DEN REGENWURM WEISS, DESTO SCHÖNER WIRD ER«

Gespräch mit Lukas Pfiffner vom FiBL – Charles Darwins Wurmforschungen

Der Regenwurm ist zwar schmächtig, gehört aber zu den stärksten Tieren dieser Welt. Er wirkt phlegmatisch, ist aber ein Arbeitstier. Er scheint genügsam, ist aber ein Gourmet. Vor allem aber ist der Regenwurm ein grosser Wohltäter: Er arbeitet an der Verbesserung unserer Erde, er macht sie fruchtbar und trägt zur Vernetzung vieler unterirdischer Lebewesen bei. Ohne ihn würden kein Gemüse, kein Obst und keine Früchte gedeihen, und wir würden in mehrere Meter hohen abgestorbenen Pflanzenresten waten.

Doch kaum jemand nennt den Regenwurm sein Lieblingstier. Das liegt wohl daran, dass er optisch nicht die besten Karten hat. »Er ist unscheinbar, aber wer sich mit ihm befasst, staunt über dieses zarte und ökologisch sehr bedeutungsvolle Tier«, sagt Lukas Pfiffner vom Forschungsinstitut für biologischen Landbau FiBL in Frick.

So muss es auch dem englischen Naturforscher Charles Darwin (1809–1882) ergangen sein. Er widmete dem Regenwurm im Jahre 1881 sein letztes Buch. Titel: *Die Bildung der Ackererde durch die Tätigkeit der Würmer*[43]. Das klingt trocken, traf aber den Nerv der Zeit. Die meisten Menschen – auch Bauern und Wissenschaftler – hielten den Regenwurm für einen Schädling, sie dachten, er knabbere an den Pflanzenwurzeln. Der Begründer der Evolutionstheorie, der das unscheinbare Tier bei sich zu Hause in Töpfen hielt und es auf Feld und Wiesen jahrzehntelang beobachtet hatte, räumte mit diesem Vorurteil auf: »Man kann wohl bezweifeln, ob es noch viele andere Tiere gibt, die eine so bedeutende Rolle in der Geschichte der Erde gespielt haben wie dieses niedrig organisierte Geschöpf.« Darwin merkte wohl als Erster, wie wichtig der Regenwurm für die Bodenfruchtbarkeit ist.

Der Naturforscher tauschte sich mit Forschern auf der ganzen Welt über den Wurm aus. Sie schickten einander Fotografien der Exkremente der Würmer aus Indien, Südfrankreich oder England, massen Höhe, Durchmesser und Gewicht der Häufchen, bestimmten deren Form und verglichen sie miteinander.[44] Darwin testete auch sorgsam wie ein Arzt das Sinnesvermögen der Tiere, er mass die Zeit, die sie brauchen, um sich in die Erde einzugraben, beobachtete ihr Verhalten beim Essen, schaute ihnen bei der Entleerung und bei der Arbeit zu. Wer sein Buch liest, ist gerührt ob so viel Aufmerksamkeit für ein Tier, das die meisten von uns kaum beachten und vor dem sich viele ekeln.

Weltweit gibt es rund 3000 Arten von Regenwürmern, in Mitteleuropa rund 40. Der Tauwurm *(Lumbricus terrestris),* den wir hierzulande im Garten oder auf der Wiese am häufigsten antreffen, lebt unter der Erde und meidet das Tageslicht. Das nachtaktive Tier hinterlässt als bleibendes Zeichen seiner Anwesenheit an der Erdoberfläche adrett aufgeschichtete dunkle Kringelhäufchen. Sie kündigen dem Gärtner fruchtbare Zeiten an, denn der Kot des Regenwurms ist kostbar: Er enthält sowohl organisches wie auch mineralisches Material, und das macht ihn zu einem exzellenten Pflanzendünger. »Es ist wohl wunderbar, wenn wir uns überlegen, dass die ganze Masse des oberflächlichen Humus durch die Körper der Regenwürmer hindurchgegangen ist und alle paar Jahre wiederum durch sie hindurchgehen wird«, schreibt Darwin.

Tauwurm

Der Regenwurm ernährt sich von Laub, abgestorbenen Pflanzenresten, Bakterien, Algen, Einzellern und Bodenmaterialien. Da er aber nur eine Lippenfalte hat, jedoch keine Zähne, um zu kauen, lässt er sich sein Menü zuerst von Bakterien und Pilzen zerkleinern. Die zersetzte Nahrung wird dann im zähen Muskelmagen des Regenwurms durch die mitaufgenommenen Sandkörner weiter zerrieben und schliesslich mittels Verdauungssaft in einen Brei verwandelt. Das Unverdaute kommt als weiche, klebrige Masse hinten wieder raus. Dieser Auswurf ist wertvoller als das, was der Regenwurm gefressen hat, wertvoller als die ihn umgebende Gartenerde, denn der Regenwurm hat die Nahrung beim Verdauen »aufkonzentriert«, sagt Lukas Pfiffner. Die Wurmlosung, wie der Kot in der

Fachsprache genannt wird, enthält mehr Kalk, Magnesium, Stickstoff, Phosphor und Kalium als das, was der Wurm zuvor geschluckt hat – alles wichtige Nährstoffe für Pflanzen.[45] Ein altes französisches Sprichwort sagt: »Der liebe Gott weiss, wie man fruchtbare Erde macht, und er hat das Geheimnis den Regenwürmern anvertraut.«

Um sich vor Hitze, Kälte und Trockenheit zu schützen, gräbt sich der Regenwurm zwei bis drei Meter tief in den Boden ein. Die Röhren stabilisiert er mit Blättern und seinem Kot. Ein Quadratmeter Wiese kann bis zu 1000 Röhren enthalten. Sie helfen den Pflanzen, sich zu verankern, und ermöglichen den Wurzeln, in tiefere und feuchtere Bodenschichten vorzudringen und dadurch mehr Nährstoffe aufzunehmen. Über 90 Prozent der Röhren seien von Pflanzenwurzeln belegt, sagt Lukas Pfiffner. Weil der Regenwurm die Röhren mit seinem wertvollen Kot »tapeziert«, stehen den Wurzeln wichtige Nährstoffe zur Verfügung. Durch sein unermüdliches Graben – im Fachjargon Bioturbation genannt – lockert und belüftet der Regenwurm das Erdreich. Das ist wichtig, denn ein gut durchlöcherter Boden saugt einen Platzregen auf wie ein Schwamm. Die Röhren sorgen ausserdem für eine gute Durchlüftung der Erde. Dies alles fördert wiederum die Ausbreitung zahlreicher Bodennützlinge, die unter anderem Schädlinge im Boden vernichten.[46,47]

Der Regenwurm gehört im Verhältnis zu seiner Körpergrösse zu den stärksten Tieren dieser Welt. Er ist fähig, beim Bau seiner Tunnels das 60fache seines eigenen Körpergewichts zu stemmen. Umgerechnet auf einen 80 Kilogramm schweren Mann entspräche dies 4,8 Tonnen[48]. Dafür ist er einfach ausgestattet. Statt Augen hat er am Kopf- und am Hinterende Lichtsinneszellen, die zwischen hell und dunkel unterscheiden können. Auch die Sinnesfähigkeit testete Darwin sorgfältig. Um herauszufinden, ob die Regenwürmer in seinen Töpfen hören können, setzte er sie den »durchdringendsten Tönen« einer Metallpfeife, den »tiefsten und lautesten Tönen« des Fagotts, lautem Klavierspiel und Geschrei aus. Sein Fazit: Der Regenwurm ist taub. Auch der Geruchssinn scheint nicht sehr ausgeprägt: »Gegen meinen Atem waren sie völlig unempfindlich«, notierte der Forscher. Selbst wenn er etwas Tabak gekaut oder ein Wattebäuschchen mit »wenigen Tropfen Mille-fleurs-Parfüm oder Essigsäure« in seinem Mund gehalten und die Würmer sachte angehaucht habe, hätten sie nicht reagiert. Ein gewisses Geruchsvermögen scheinen sie aber zu besitzen. Den Kohl, den Darwin im Sand versteckt hatte, fanden die Würmer nach kurzer Zeit. Kohlblätter gehören zu ihren Lieblingsspeisen. Der Regenwurm hat nämlich einen ausgeprägten Geschmackssinn: Darwin legte seinen Würmern eine Auswahl an Blättern vor und bemerkte, dass sie Vorlieben haben: Die Blätter von wilden Kirschen, Karotten und Sellerie mögen sie neben Kohlblättern besonders gern. Sie zogen sie laut Darwin Pastinaken-, Randen-, Linden- oder Weinrebenblättern vor. »Nach ihrer Gier für gewisse Futterarten zu urteilen, müs-

Lukas Pfiffner

sen sie sich des Genusses des Fressens erfreuen«, folgerte er. Heute weiss man, dass der Regenwurm in der Mundhöhle Sinnesknospen besitzt.

Die Tiere reagieren sensibel auf Erschütterungen. Darwin stellte zwei Töpfe, die zwei Regenwürmer enthielten, auf sein Klavier und schlug – wie er akkurat rapportierte – »den Ton c im Bass-Schlüssel« an. Augenblicklich zogen sich die beiden Gesellen in ihre Löcher zurück. Was die Würmer zum Rückzug bewegte, war nicht der durch die Luft übertragene Schall des Tones, sondern die durch das Klavier ausgelösten Erschütterungen, die sich auf die Töpfe übertragen hatten. Starke Erschütterungen in ihrer Nähe scheinen die Würmer zu stören. Sie ziehen sich entweder rasch in die Röhre zurück oder kommen »erschreckt« daraus hervor, wie Darwin auch beim Umgraben seines Gartens feststellte.

Obwohl er so einfach ausgestattet ist, folgt der Regenwurm nicht nur blind seinem Instinkt. Darwin attestierte dem Wurm einen »gewissen Grad an Intelligenz«, und dies überraschte ihn mehr »als irgendetwas anderes in Bezug auf die Würmer«. Der Forscher und sein Sohn Francis hatten beobachtet, dass die Regenwürmer die Blätter, die sie in ihre Tunnels ziehen, nicht nach dem Zufallsprinzip packen, sondern an jener Stelle, die für den Transport am leichtesten ist. Lindenblätter, die zugespitzt sind, nahmen die Würmer zu 79 Prozent an der Spitze, Föhren, die Nadeln paarweise ausbilden, packten sie fast immer an der schmalen Basis; würden sie eine Nadel an der Spitze nehmen, würde die abstehende zweite Nadel den Transport am Eingang der Röhre erschweren. Der Wurm transportiert die Blätter also so effizient wie möglich, er kann offenbar beurteilen, wie er einen Gegenstand am leichtesten in die Röhren bringt.

Überrascht hatte Darwin auch, dass die Regenwürmer das Vermögen besitzen, sich auf *eine* Sache zu konzentrieren. Sind sie zum Beispiel mit dem Essen oder dem Liebesspiel beschäftigt – und Letzteres kann Stunden dauern[49] –, lassen sich die scheuen Tiere nicht einmal durch starkes Licht davon ablenken, und Aufmerksamkeit, so Darwin, »setzt das Vorhandensein einer Seele voraus«. Der Forscher glaubte auch »eine Spur eines sozialen Gefühls« zu erkennen, da es die Würmer nicht stört, wenn andere über sie hinwegkriechen, und da sie »häufig miteinander in Berührung liegen«.

Der Regenwurm, das bestätigt auch moderne Forschung, ist enorm wichtig für unser Ökosystem. Doch schwere Maschinen oder rotierende Geräte wie die Bodenfräse zerstören das Tunnelsystem und viele Regenwürmer – und das bei einer Art, die ein Jahr bis zur Geschlechtsreife braucht und ungestört vier bis acht Jahre lebt.[50] Auch Pestizide können Gesundheit und Fortpflanzung beeinträchtigen. Das FiBL hat in einem seit über 30 Jahren andauernden wissenschaftlichen Feldversuch in Therwil im Kanton Basel-Landschaft belegt, dass die biologische Anbaumethode die Populationen der Regenwürmer fördert. Nach dieser Vergleichsstudie auf verschiedenen Betrieben lebten in biologisch bewirtschafteten Flächen durchschnittlich 220 Regenwürmer, in IP-Böden[51] nur 140[52]. Die biologische Landwirtschaft fördert die Regenwürmer laut Lukas Pfiffner aus folgenden Gründen: Der Biobauer setzt keine chemischen Pestizide ein, er baut in Fruchtfolge mit Klee an und bietet den Würmern damit ein breiteres Nahrungsangebot als ein konventioneller Bauer, und er bearbeitet den Boden schonender, damit die Röhren der Regenwürmer nicht zerstört werden.[53]

*

Herr Pfiffner, viele Menschen können sich nicht für den Regenwurm erwärmen.

Ja, er ist auf den ersten Blick nicht so attraktiv wie ein Schmetterling oder ein bunter, singender Vogel.

Und auf den zweiten Blick?

Je mehr man über den Regenwurm weiss, desto schöner wird er. Man staunt darüber, was dieses unscheinbare Wesen zu leisten vermag. Mein Lieblingswurm ist der *Allolobophora rosea* oder auf Deutsch etwas weniger klangvoll: Schleimwurm. Der Wurm hat eine spezielle, fast bunte Färbung und ist deutlich kleiner als der Tauwurm.

Regenwürmer beseitigen auch von Schädlingen befallene Pflanzenreste. Soll der Obstbauer die mit Schorfpilz befallenen Blätter im Herbst liegen lassen?

Ja, gerade im Herbst, wenn sich die Vegetationszeit dem Ende zuneigt und der Schorfpilz nicht mehr andere Bäume befällt, kann der Obstbauer das Laub liegen lassen. Der Regenwurm zieht das pilzbefallene Laub in seine Röhren und führt es dort dem mikrobiellen Abbau zu. Überhaupt ist es wichtig, dem Regenwurm vor Wintereinbruch noch Nahrung anzubieten. Im Winter ist die Gefahr gross, dass der Regenwurm hungern muss, weil viele Gärtnerinnen und Bauern ihre Beete und Felder »aufräumen« und den Boden den ganzen Winter lang unbedeckt lassen. Ein Ver-

Schleimwurm

such zeigte, dass in einem im Winterhalbjahr unbedeckten Boden die Hälfte der Tiere verhungerte.[54] Dabei ist das Material auf dem Boden nicht nur eine wertvolle Nahrungsgrundlage für alle Bodenlebewesen. Eine dicht wachsende Gründüngung wie Klee sorgt auch für etwas Wärme bei Frost. Vor allem oberflächlich lebende Regenwürmer erfrieren in kalten Wintern in kahlen Böden.

Zu Darwins Zeiten glaubten die Menschen, der Regenwurm sei ein Schädling. Wissen die Bäuerinnen und Bauern heute, wie wichtig der Wurm für ihre Böden ist?

Biobauern schon. Viele konventionelle Bauern scheinen sich aber weniger für ihn zu interessieren. Schwere Maschinen auf dem Acker, viele chemische Substrate und fehlende Kleegraswiesen in der Fruchtfolge können die Regenwürmer substantiell schädigen. Die wichtigen Bedingungen für das Gedeihen von Regenwürmern in Landwirtschaftsböden sind ausreichend Nahrung, krümeliger, unverdichteter Boden, der Verzicht auf chemische Pestizide, massvolle Düngung, eine bodenschonende und sparsame Bodenbearbeitung.

Warum ist die Fruchtfolge im Ackerboden für den Regenwurm so wichtig?

Der Boden braucht Ruhepausen, man sprach früher von Brachejahren. Deshalb ist es wichtig, dass die Bäuerinnen und Bauern zum Beispiel Klee-Gras-Mischung aussäen und diese dann mindestens ein Jahr stehen lassen. In dieser Zeit haben die Regenwürmer, überhaupt alle Bodenlebewesen Ruhe. Sie können sich ungestört fortpflanzen, haben ein gutes Nahrungsangebot und sind im Winter vor Frost ausreichend geschützt.

Was trägt der Regenwurm zur Vernetzung der Bodenlebewesen bei?

Die Regenwürmer tragen enorm viel zur unterirdischen Vernetzung vieler Bodenlebewesen bei. Insbesondere ihre gegrabenen Wohnröhren, aber auch die Wurmlosungen ziehen andere Bodenlebewesen an. Die Wohnröhren dienen zum Beispiel Gliederfüssern wie den Horn- und Raubmilben als Fortbewegungsrouten, als unterirdische Netzkorridore. Die Wurmlosung wiederum ist ein ideales Nährsubstrat für viele Pilze, Bakterien und andere Mikroorganismen. Die Grabtätigkeiten der Regenwürmer, die Bioturbation, und die Wurmlosung fördern die Ausbreitung nützlicher Mikroorganismen im Boden.

Röhren von bis zu 450 Metern Länge pro Quadratmeter Boden

Der Regenwurm kann pro Quadratmeter Boden Röhren von bis zu 450 Metern Länge bauen. Ein regenwurmfreundlicher, 50 Hektar grosser Bauernhof, halb Acker-, halb Grünland, verfügt über ein unterirdisches Tunnelsystem, das mit 400 000 Kilometern Länge etwa dem zehnfachen Erdumfang entspricht, hat der WWF Deutschland ausgerechnet.[55]

Pestizide schädigen Würmer

Eine Studie der Universität für Bodenkultur Wien hat gezeigt, dass Glyphosat, ein Wirkstoff des Unkrautvernichtungsmittels *Roundup* des Agrokonzerns Monsanto, die Aktivität von tiefgrabenden Regenwürmern stark reduzierte und die horizontal grabenden Würmer nur noch halb so viele Nachkommen zur Welt brachten wie Würmer in unbehandelten Feldern. Durch die Abtötung des Bewuchses mit Gift stieg überdies der Gehalt an Nitrat im Boden um 1600 Prozent, jener an Phosphat um 125 Prozent. Auch Fungizide können die Regenwurmpopulation schädigen.[56]

Wie viele Regenwürmer leben in Ihrem Garten oder in Ihrem Acker?

Je mehr Regenwürmer vorhanden sind, desto fruchtbarer ist der Boden. Die Regenwurmdichte können Sie selbst messen. Wichtig ist, dass Sie die Anzahl Würmer im Frühling oder im Herbst (Hauptaktivitätszeiten) messen, bei moderaten Temperaturen und feuchtem Boden. Es darf nicht zu heiss und nicht zu nass sein. Hier sind zwei Methoden:

Anzahl Kothäufchen

Auf einer Fläche von 50 × 50 cm zählen Sie die Kothäufchen. Fünf oder weniger Kothäufchen deuten auf eine geringe Wurmaktivität, fünf bis zehn auf eine mittlere, mehr als zehn Kothäufchen auf eine hohe Wurmaktivität. Das ist eine schnelle, allerdings nicht sehr genaue Methode.

Senfaustreibung

Regenwürmer mögen kein Senfwasser (6 Gramm Senfpulver pro Liter Wasser), es schädigt sie aber nicht. Um sie aus dem Boden zu treiben, muss man sich vorsichtig anschleichen, da die Tiefgraber sonst entkommen. Stecken Sie einen Blechrahmen von 30 × 30 cm in den Boden, 3 bis 4 cm tief, und giessen Sie zehn Liter Senfwasser hinein. Die Regenwürmer flüchten an die Oberfläche. Nach 10 bis 20 Minuten graben Sie den Boden mit einer Heugabel sorgfältig mindestens 30 cm tief auf, da sich Würmer bei Trockenheit auch in Bodenkrümeln verstecken können. Die Erde geben Sie in eine Wanne und suchen sie nach Würmern ab. Dann zählen Sie. Zuletzt spülen Sie jeden Regenwurm kurz mit Wasser ab, um ihn von der Senflösung zu reinigen. Ein gesunder Boden eines extensiven Ackers enthält 11 bis 23 Würmer im 30-cm-Quadrat, derjenige einer Naturwiese 18 bis 27 Würmer.[57]

V. KLEE, GRAS ODER AMPFERBLÜTEN – KÜHE SIND WÄHLERISCH

Besuch auf der Crap Alv mit Florian Leiber vom FiBL

Wer ihn das erste Mal sieht, glaubt sich in eine Märchenlandschaft versetzt: Der Lai da Palpuogna scheint alle Grüntöne in sich aufgenommen zu haben, er schimmert in hellem Türkis an seinen flachen Rändern, gegen die Mitte hin wird er immer dunkler. Still liegt er da, eingebettet in Fels, umgeben von Lärchen und Föhren, die sich im Wasser spiegeln wie der hellblaue Himmel über ihm. Der See liegt unweit der Strasse, die in eleganten Schleifen von Bergün auf den Albulapass führt. Wer den See rechter Hand liegenlässt, gelangt nach einem Kilometer – kurz vor der Passhöhe – auf eine flache Ebene. Hier liegt die Crap Alv, auf Deutsch Alp Weissenstein, die ihren Namen vom Kalkgestein hat, das hier markant ist. Auf dieser Ebene entspringt die Albula, sie schlängelt sich durch die an diesem Augustmorgen feucht glitzernde Matte. Kühe, Rinder und Pferde stehen am Bach und halten den Kopf in den Wind. Zwei Kühe sehen aus, als wären zwei Seitenwagen angebracht: Sie sind hochträchtig. Der Kopf der einen ist so schwarz, als hätte sie ihn gerade aus einem Kamin gezogen. Die beiden unförmigen Damen stehen stoisch da wie zwei dicke Freundinnen.

Die Alp Weissenstein ist seit fünfzig Jahren eine Forschungsstation der Eidgenössischen Technischen Hochschule ETH Zürich. Die ETH erforscht während der Sommermonate, wie sich die Höhe und das Futter auf die Leistung der Tiere, auf deren Gesundheit und die Qualität von Milch und Fleisch auswirken. Am Albula liegt nicht nur der schönste See der Schweiz, hier ist auch die Flora einmalig. »Auf der Alp gibt es am meisten Artenvielfalt, 90 Prozent aller Alpenpflanzen wachsen hier«, weiss Florian Leiber. Der 48-Jährige, der seit sechs Jahren am Forschungsinstitut für biologischen Landbau FiBL in Frick arbeitet und das Departement für Nutztierwissenschaften leitet, kennt sich hier aus. Die Alp Weissenstein war zwei Sommer lang sein Zuhause. Er forschte hier für seine Doktorarbeit und leitete von 2008 bis 2012 die Forschung an Weidetieren.

Das Alphaus aus dem Jahre 1874 liegt direkt an der Passstrasse, rechts davon steht der grosse Sommerstall für das Alpvieh. Florian Leiber zeigt auf das Wohnhaus: »Im zweiten Stock war mein Zimmer, im Parterre haben wir gegessen. Viel gesprochen haben die Älpler nicht mit uns.« Das ist fast 20 Jahre her. Florian Leiber erforschte damals, wie sich das, was die Kühe an verschiedenen Orten auf unterschiedlichen Höhenlagen fressen, auf ihren Stoffwechsel auswirkt. Dafür untersuchte er einerseits fünf Gruppen à sechs Kühe auf dem ehemaligen ETH-Versuchsgut Chamau im Kanton Zug. Ihre Weide lag auf 400 Metern über Meer. Andererseits untersuchte er drei Gruppen mit ebenfalls je sechs Kühen auf der Alp Weissenstein auf über 2000 Metern. Schon im zweiten Jahr hatte der aus Norddeutschland stammende Doktorand, der zum ersten Mal in den Alpen und unter Älplern war, ein Schlüsselerlebnis: Er bemerkte, dass die Kühe auf der Alp beim Fressen ausgeprägte Vorlieben zeigen.

Das mag für einen Laien selbstverständlich sein. Warum sollte eine Kuh nicht ein Kräutchen einem anderen vorziehen? Wir Menschen mögen ja auch ein Gemüse lieber als ein anderes. Doch das Selbstverständliche wird oft am wenigsten bedacht. In den industrialisierten Ländern entsteht die Milch der Grossbetriebe im Stall – nicht auf der Weide. Die Kühe erhalten meist eine Mischration. Sie besteht aus hochwertigen Gräsern und ein, zwei Kleearten, die im Silo gegärt wurden und denen dann noch eine genau bemessene Menge Mais, Soja und Getreide beigefügt wurde. »Am Schluss wird das Ganze zu einem Einheitsbrei gemischt, so dass die Kühe im Stall keine Bestandteile mehr auswählen können, die ihnen besonders gut schmecken«, erklärt Florian Leiber. Alle Kühe erhalten Tag für Tag das gleiche Müesli, exakt jene Menge an Nährstoffen, die sie für die gewünschte Milchleistung benötigen. Die Mischung haben Forscher im Labor zusammengestellt. Sie haben auf der Basis dessen, was sie den Tieren zum Fressen gaben und was diese anschliessend wieder ausschieden, das »optimale Futter« berechnet. »Optimal« bezieht sich einzig auf die Leistung, auf die »Produktivität«, wie es im Fachjargon heisst. Ziel ist, mit einem minimalen »Energieinput« einen maximalen »Milchoutput« zu erzeugen. Die Gesundheit der Kühe, ihr Wohlbefinden und ein langes Leben gehören nicht zu den Faktoren des »optimalen« Futters. Der Einheitsbrei, den die Kühe in konventionellen Betrieben erhalten, ist für Florian Leiber das Gegenbild zur »köstlich und divers schmeckenden Weide«.

Doch zurück zu seinem Schlüsselerlebnis. Für seine Untersuchung musste der Doktorand herausfinden, was und wie viel die Kühe auf der Alp an einem Tag ungefähr fressen. Nachdem er die Kühe kennengelernt und diese sich an ihn gewöhnt hatten, begleitete er vier Wochen lang jeden Tag immer wieder eine andere Kuh in den Hängen, setzte sich neben sie, wenn sie den Kopf senkte, beobachtete, was sie frass, schnitt den von der Kuh gewählten Bissen Alpweide nebenan in gleicher Höhe und gleicher Menge ab und legte diesen Schnitt in einen Beutel, um die Pflanzen später zu bestimmen. Dabei fiel dem jungen Forscher ein »interessantes Phänomen« auf: Erhielten die Kühe ein neues Stück Weideland, verteilten sich die Herdentiere schnell. Die eine Kuh ging zügigen Schrittes in die Kleematte und graste sie ab. Eine andere widmete sich zuerst dem Gras und erst später dem Klee. Eine dritte ging zielgerichtet ins hohe Gras und frass als Erstes die frischen Blüten des Sauerampfers, »vorsichtig mit ihrem grossen Flotzmaul über die Pflanzen hinwegtastend«[58]. Andere Kühe wiederum schienen ziellos zu fressen, jeden Tag etwas anderes. Er beobachtete auch, dass die Kühe am Morgen oft etwas anderes frassen als am späten Nachmittag. »Ich sah, dass Kühe echte Vorlieben haben«, erzählt der Agronom. »Vorlieben können aber nur entstehen, wenn es Wahrnehmungsfähigkeit gibt.«

Über siebzig verschiedene Pflanzenarten wachsen auf der Alp Weissenstein. Im Frühsommer sind die Hänge gesprenkelt mit gelb-orangenen Blüten verschiedener Habichtskraut-, Löwenzahn- und anderer Korbblütler-Arten, das kräftige Violett und Gelb der diversen Kleearten hebt sich von den weisslichen Doldenblütlern und den Gräsern in verschiedenen Grüntönen ab. Die buntgetupften Alpweiden sind nicht nur eine Augenweide für uns Menschen, sie sind auch eine Geschmacksweide für die Wiederkäuer. Wie gross diese Geschmackspalette ist, hat Florian Leiber aber erst viele Jahre später in einem Botaniklager seiner ältesten Tochter im Berner Oberland realisiert. Der Agronom erklärte den Schülerinnen und Schülern in diesem Klassenlager die Bedeutung der Alpweiden für die Kühe und kostete zu diesem Zweck mit ihnen verschiedene Pflanzen. Sie probierten den bitteren Löwenzahnsaft, den süssen Klee, den sauren Ampfer und legten ein Stück des scharfen Hahnenfusses auf ihre Zungenspitzen. Das war nicht nur neu für die Kinder, auch Florian Leiber kostete zum ersten Mal das hochalpine Menü der Kühe. »Da wurde mir klar: Die Kühe verfügen nicht nur über ein feines Geschmacksempfinden, die Alpweiden bieten ihnen auch eine enorme Geschmackspalette mit ihren Blumen, Gräsern, Klee und Kräutern wie Thymian oder Kümmel, die ätherische Öle enthalten und besonders stark riechen«, resümiert er.

Florian Leiber und Denise Battaglia

Wie aber schmeckt das Menü im Flachland auf 400 Metern in Chamau? Die Kontrollgruppen weideten auf intensiv gedüngten Kunstwiesen, für sie war eine energie- und proteinreiche Futtermischung ausgesät worden, wie das bei Bauernbetrieben in der Schweiz üblich ist. In dieser Weide dominierten Raigras, Gemeine Rispe und Löwenzahn. Auf einer Fläche von rund zwei Hektar zählte Florian Leiber gerade mal 19 Arten, nicht einmal ein Drittel dessen, was auf der Alp Weissenstein wächst. Das Fressverhalten der Kühe habe man hier nicht lange studieren müssen, sagt er. »Zwei Stunden nach Beginn des Weidegangs hörten die Tiere bereits wieder mit Fressen auf und ruhten.«

Florian Leiber untersuchte in seiner Studie, welche Auswirkungen dieser Menüunterschied auf die Milch hat. Die Milchqualität ist ein grosses Thema, seit ein Schweizer Forscherteam entdeckt hatte, dass Alpkäse mehr Omega-3-Fettsäuren enthält als Flachlandkäse. Omega-3-Fettsäuren gehören zu den ungesättigten Fettsäuren und können vom Menschen nicht selbst hergestellt werden. Sie sind aber lebensnotwendig und spielen bei der Ausbildung des Nervengewebes eine wichtige Rolle. Nicht nur in Pflanzenölen kommen sie vor, sondern auch in der Kuhmilch.[59] Die Konzentration im Milchfett hängt aber davon ab, was die Kühe gefressen haben. Bei konventioneller Stallhaltung liegt sie bei circa 0,3 Prozent. Das wusste man bereits. Florian Leiber stellte in seiner Doktorarbeit aber fest, dass im Milchfett der Kühe, die auf der Kunstweide in Chamau grasten, der Gehalt bei 0,8 Prozent lag, mehr als doppelt so viel wie bei den Stallkühen, die täglich den gleichen Brei erhalten. Bei den Kühen, die auf der Alp Weissenstein ihren Sommer verbrachten, lag die Konzentration bei 1,3 bis 1,5 Prozent, vier- bis fünfmal höher als bei Stallkühen. »Wir konnten damit beweisen, dass der Alpkäse tatsächlich gesünder ist als der Flachlandkäse und dass sich der Gehalt an ungesättigten Fettsäuren verändert, wenn man die Tiere anders füttert«, sagt Leiber. Das war ein attraktives Thema für wissenschaftliche Konferenzen und die Medien. »Man sprach eine Weile von nichts anderem mehr im Zusammenhang mit Kuhmilch«, erinnert sich der Agronom. Sogar der britische Fernsehkoch Jamie Oliver kam nach Graubünden, um den »Omega-3-Alpkäse« seinem Publikum vorzustellen.

Zu dritt marschieren wir von der Alp Weissenstein zum Albulapass hinauf. Rund um die Alp sind die Weiden noch fettreich, das Gras hoch, die grüne Farbe kräftig, es wachsen Löwenzahn, Habichtskraut, Klee, Schafgarbe, Gold-Pippau. Dem Agrarwissenschaftler fällt ein anderes Experiment ein, das er hier durchgeführt hat. Sein Forschungsteam und er bestückten je zehn Ziegen und Schafe mit GPS-Geräten und liessen sie frei laufen. Sie wollten verfolgen, wohin es die Tiere zieht, wenn sie frei wählen können. »Das Ergebnis hat uns überrascht. Sowohl die Ziegen wie auch die Schafe durchquerten achtlos die saftigen Weiden und rannten hoch auf den kargen Berg. Die Ziegen begaben sich zu den stacheligen Wacholderbüschen und frassen dort; die Schafe zog es noch höher hinauf, dorthin, wo nur noch karge Kräuter wuchsen«, berichtet Florian Leiber. »Die Tiere streben also nicht danach, mit minimalem Aufwand ein Maximum an Nährstoffen aufzunehmen. Sie folgen geschmacklichen Vorlieben.«

Unser Weg führt an Rindern vorbei, hellbraunen mit weissem Kopf. »Simmentaler«, sagt Florian Leiber. Wir bleiben stehen und amüsieren uns über die verschiedenen Charaktere: Einige kommen sofort auf uns zu, sind neugierig

Florian Leiber

und frech, zupfen am Rucksackbändel und stupsen uns mit dem Kopf in der Hoffnung auf eine Leckerei, andere ignorieren uns. Florian Leiber setzt sich zu den Tieren, wie damals vor 20 Jahren, als er beobachtete, was sie fressen. Nach wenigen Minuten nähern sich auch ein paar Jersey-Rinder. Sie sind zierlicher gebaut als die Simmentaler, ihr Kopf ist schmäler, sie wirken scheu, was wohl an der Zeichnung ihres Gesichts liegt: Über ihren dunklen Augen mit den langen Wimpern haben sie einen weiss geschwungenen »Lidstrich«, der ihnen einen melancholischen Ausdruck verleiht.

Dass sich Florian Leiber beruflich den Kühen widmet, ist ebenfalls einem Schlüsselerlebnis geschuldet. Die Natur und die Naturkreisläufe waren zwar wichtig in seiner Familie, die sich zur Anthroposophie hingezogen fühlte, aber er selbst verliebte sich als Jugendlicher in die Literatur, in Russland und die slawischen Sprachen. Er begann ein Slawistik- und Germanistikstudium in Göttingen und war zwischen 1992 und 1994 oft in Russland. »Ich sah, wie durch die kulturellen Umbrüche nach dem Fall des Eisernen Vorhangs die sozialistischen landwirtschaftlichen Strukturen zusammenbrachen. Die bäuerlichen Traditionen waren ja bereits in den dreissiger Jahren unter Stalin zerstört worden.« Das war ein Wendepunkt. »Das Verschwinden von jahrhundertealtem Wissen interessierte mich plötzlich stärker als die Literatur, die wir in den Seminaren nur zerredeten.« Florian Leiber brach sein Studium ab und machte auf einem Demeterhof im Ruhrgebiet eine Bauernlehre. Hier stand die Kuh im Mittelpunkt der Kreislauf-Landwirtschaft. »Sie wurde wie eine Heilige verehrt«, erinnert er sich. So kam der ehemalige Student der Sprach- und Literaturwissenschaften auf die Kuh. »Im Kuhstall herrscht eine unglaubliche Atmosphäre, Mensch und Tier sind sich hier sehr nahe. Das hat mich tief berührt.«

Je höher wir wandern, desto karger wird die Landschaft. Rechts in der Tiefe locken vier kleine Seen in hellem Türkis zum Bade, es duftet nach Kräutern. Die Bergwände des Igl Compass links des Weges ragen nackt, weiss und grau, rau und bucklig gegen den Himmel. Neben dem Weg türmen sich bizarre Kalkgebilde. Florian Leiber deutet auf die mageren Weiden: Hier wächst nur noch kurzes, nährstoffarmes Gras. Es sei für ein Schaf, das mit den Zähnen beisst, viel einfacher zu packen als für eine Kuh, die mit der Zunge das Gras umschlingen und abreissen müsse.

Wenn die Alpkühe mehr Omega-3-Fettsäuren in ihrer Milch haben, enthalten dann die Alpenpflanzen mehr von diesen wertvollen Fettsäuren als das Talfutter? Florian Leiber schüttelt den Kopf: »Das Gegenteil ist der Fall. Die Alpenweiden sind mager und fettarm. Die Pflanzen auf der Weide in Chamau enthalten viel mehr ungesättigte Fettsäuren als die Alpenpflanzen.« Die Alpkühe scheinen aber das wenige an Omega-3-Fettsäuren, das sie kriegen, besser verwerten zu können als die Kühe, die im Flachland grasen.[60] Dies wiederum hängt wohl mit den sekundären Pflanzenstoffen zusammen, wie Tanninen, Flavonoiden oder ätherischen Ölen, die in der Alpenflora stark vertreten sind.[61] Diese antibakteriell wirksamen Stoffe scheinen unter anderem dafür zu sorgen, dass ein höherer Anteil der gesunden Fettsäuren die immense Bakterienattacke im Pansen der Kuh unbeschadet übersteht. Das bestätigten auch Untersuchungen mit Denise, der Kuh mit dem »Loch im Bauch«. Zu Forschungszwecken hat man Denise den Magen aufgeschnitten und das Loch mit einem Schraubverschluss geschlossen. So hatten die Forscher jederzeit Zugang zum Inhalt des Pansens. »Denise konnte sich normal bewegen und mit ihrer Herde auf der Weide grasen, sie musste uns einfach hin und wieder etwas Pansensaft abgeben«, erzählt Florian Leiber. »Diesen haben wir im Labor in der Petrischale mit sekundären Pflanzenstoffen gemischt und dabei festgestellt, dass diese Inhaltsstoffe tatsächlich die ungesättigten Fettsäuren schützen.« Auch Forscher aus Italien, Frankreich und Dänemark seien zu diesen Ergebnissen gekommen. In einer Folgestudie stellte der Agronom nach der Schlachtung von Lämmern fest, dass in den Organen jener Tiere, die auf der Alp gegrast hatten, mehr Omega-3-Fettsäuren vorhanden waren als bei jenen, die sich mehrheitlich

Denise, die Kuh mit dem »Loch im Bauch«

von Kunstweide ernährt hatten. Der Forscher geht davon aus, dass die Omega-3-Fettsäuren für die gesunde Entwicklung der Organe und die Widerstandsfähigkeit der Tiere wesentlich sind.

Über 95 Prozent der aufgenommenen ungesättigten Fettsäuren werden im Pansen wieder zerstört. Nun könnte man denken, dass das wegen drei bis vier Prozent nicht wichtig ist, aber das Gegenteil ist der Fall: Dieser geringe Anteil an ungesättigten Fettsäuren ist überlebenswichtig, sowohl für das Individuum als auch für die Nachkommen. Ohne Omega-3-Fettsäuren könnten die Wiederkäuer kein Nervengewebe ausbilden, und Föten würden sich nicht gesund entwickeln, wenn im Blutkreislauf der Mutter zu wenig davon vorhanden wäre. Dass es der Kuh gelingt, eine kleine Menge ungesättigter Fettsäuren zu bewahren, grenzt fast an ein Wunder. Sie macht dies übers Wiederkäuen: Wenn sie die Kräuter, Gräser und Blumen gekaut und geschluckt hat, gelangt dieser Nahrungsbrei in den ersten von vier Magen, in den Pansen. Er ist mit rund 100 Litern Volumen der grösste Magen. Hier machen sich sogleich Billionen von Mikroorganismen über den Nahrungsbrei her. »In der Kuh lebt eigentlich ein zweiter Organismus. Die Masse aller Pansenmikroben entspricht etwa einem ausgewachsenen Hund von 20 Kilogramm«, sagt Florian Leiber. Diese Bakterien, Hefepilze und anderen Mikroben zerkleinern den Nahrungsbrei und wandeln die ungesättigten Fettsäuren in gesättigte um. Dann würgt die Kuh den Brei samt Kleinstlebewesen wieder in ihren Mund hoch und kaut ihn erneut gemächlich durch. Weil sie dies mit offenem Mund tut, gelangt Sauerstoff an den Nahrungsbrei, was die Bakterien darin zerstört und damit den Prozess des Abbaus der wichtigen Omega-3-Fettsäuren bremst. Wenn die Kuh das zweite Mal den Nahrungsbrei geschluckt hat, rutscht das Zermalmte weiter, und die ungesättigten Fettsäuren werden vom Blutkreislauf aufgenommen. »Die Kuh wäre ausgestorben, wenn es ihr nicht gelänge, ungesättigte Fettsäuren vor der bakteriellen Zersetzung im Pansen zu retten«, sagt der Agronom. Und dies schafft sie nur, weil sie sich im Laufe der Evolution auf die Auswahl der »richtigen«, die pflanzlichen Fettsäuren schützenden Kräuter, Gräser und Blumen und das Wiederkäuen spezialisiert hat. »Diese beiden Fähigkeiten müssen tief in der Kuh verankert sein.«

Wiederkäuer haben ein ausgeprägtes Geschmacksempfinden. Studien haben gezeigt, dass sie nicht jeden Tag das Gleiche essen mögen. Schafe und Rinder, die zwei Stunden lang Nahrung mit Ahorn- oder Kokosnuss-Aroma frassen, bevorzugen am nächsten Tag ein anderes Aroma. Die Tiere scheinen zudem zu wissen, welche Pflanze ihnen in welchen

Situationen wohl bekommt und welche sie meiden sollten, was sie zum Beispiel brauchen, wenn sie von diesem oder jenem zu viel gefressen hatten. Studien mit Schafen und Rindern hätten gezeigt, dass sie in der Lage seien, »komplementär« zu fressen, sagt Florian Leiber.[62] Wenn sie zum Beispiel Gräser fressen, die von Pilzen befallen sind, suchen sie danach Pflanzen, die Saponine oder den Gerbstoff Tannin enthalten, welche das Gift neutralisieren. Jene, die einen Proteinzusatz erhalten, vermeiden Pflanzen mit viel Protein, wenn sie eine Auswahl haben. Wiederkäuer suchen tanninhaltige Pflanzen, wenn sie von Darmparasiten befallen sind, und scheinen auch zu wissen, welche Pflanzen sie fressen müssen, um einen Energiemangel auszugleichen. Die Tiere haben ein Apothekerwissen, was für Kühe, deren Pansen einer ständigen Gärung ausgesetzt ist, von grösster Wichtigkeit ist. Die Möglichkeit zu haben, die richtigen Kräuter und Gräser gegen Blähungen, Pilze, Proteinmangel, gegen Entzündungen und so weiter auswählen zu können, sei eine Art evolutionäre Lebensversicherung, meint Florian Leiber.

Das Wissen haben sie von ihren Müttern, wie Studien mit Lämmern zeigten. Der Lernprozess beginnt schon vor der Geburt: Fressen schwangere Schafe Zwiebeln oder Knoblauch, erkennen die jungen Tiere gleich nach der Geburt das Lauchgewächs am Geruch und wagen es, davon zu fressen. Der Geschmack verbinde die Tiere mit der Landschaft, in der sie sich bewegen, sagt Florian Leiber. In einer ungewohnten Umgebung dagegen wüssten die Tiere zunächst nicht, welche Pflanzen ihnen guttäten und welche nicht. Über ihren Geschmackssinn würden die Wiederkäuer eine Beziehung zu den an diesem Ort wachsenden

Pflanzen und dadurch zur Landschaft knüpfen. Womöglich ist für Wiederkäuer, die nicht sehr gut sehen können, das Schmecken eine so wichtige Erfahrung, um Welt zu erleben und sich Umgebung anzueignen, wie für uns Menschen das Sehen. Vielleicht ermöglicht der Geschmackssinn den Tieren jene intensiven Erlebnisse, die uns Menschen der Seh- oder der Hörsinn schenkt.

»Wenn die Kuh die Fähigkeit hat, jene pflanzlichen Inhaltsstoffe zu wählen, die sie für die Regulation des Pansenstoffwechsels benötigt, muss es für sie existentiell wichtig sein, dass sie wählen kann, dass sie eine Vielfalt an Blumen, Gräsern und Kräutern vorfindet.« Das bedeutet, dass wir massiv in ihr Fähigkeitsspektrum eingreifen, wenn wir ihr Vielfalt vorenthalten und sie von der Futterwahl ausschliessen. »In den letzten Jahren haben wir uns auf die Tierhaltung konzentriert, dafür gesorgt, dass die Kühe mehr Bewegung und mehr Platz im Stall erhalten. Das war wichtig. Aber die Bedeutung des Geschmackssinns für das Tierwohl haben wir unterschätzt. Und dies, obwohl wir jeden Tag beobachten können, wie viel Zeit die Wiederkäuer mit dem Fressen und dem Verdauen verbringen«, so Florian Leiber.

Kraftfutter einsparen – mehr verdienen

Weg vom Kraftfutter, hin zu mehr Frischgras und Heu lohnt sich oft – zumindest in der Schweiz. Das ist nicht nur für die Kühe besser, die Bauernbetriebe verdienen auch mehr daran. Das zeigt eine neue Studie von Christian Gazzarin und seinem Team am Agroscope, dem Kompetenzzentrum des Bundes für landwirtschaftliche Forschung. Das bemerkenswerte Fazit ihrer detaillierten Betriebs-

analysen: Wer weitgehend auf Frischgras setzt, kann einen Liter Milch um einen Viertel bis einen Drittel günstiger produzieren.
Drei Jahre lang untersuchten die Forscherinnen und Forscher in 36 Pilotbetrieben im Schweizer Mittelland drei verschiedene Fütterungsweisen nach wirtschaftlichen Kriterien: Kühe der Gruppe »Vollweide« erhielten praktisch kein Kraftfutter (90 Kilo pro Kuh und Jahr); Kühe der Gruppe »Eingrasen mit wenig Kraftfutter« erhielten neben Gras 430 Kilo Kraftfutter pro Kuh und Jahr; Kühe der Gruppe »Eingrasen mit viel Kraftfutter« erhielten 1160 Kilo Kraftfutter pro Kuh und Jahr. Das Resultat war eindeutig: Die erste Gruppe mit dem Vollweidesystem schnitt durchgehend am besten ab. Wer seine Milchkühe hauptsächlich mit Frischgras füttert, konnte am wirtschaftlichsten produzieren. Ihre Stundenlöhne waren deutlich höher als in Vergleichsbetrieben. Die mit viel Kraftfutter gefütterten Kühe gaben zwar mehr Milch, doch, so schreiben die Forscher: »Die grössten Einsparungen sind beim Kraftfutter, weitere beim Gebäude und bei der Arbeit zu verzeichnen.«[63]

Heu mit Geschmack

Früher legten Bauernfamilien nach jedem Heuet das Heu schichtweise (also horizontal) in den Heustock. Im Winter schnitten sie die Heuportionen senkrecht ab – die Kühe erhielten dadurch immer sehr unterschiedliches Heu (Heu vom Frühling, Sommer oder Herbst) mit einer grossen Geschmackspalette.

Wer ist eine gute Wiederkäuerin?

Anet Spengler Neff und ihr Team vom Forschungsinstitut für biologischen Landbau FiBL untersuchen mit einer innovativen Sensortechnik, wie Kühe fressen, wie sie wiederkäuen und ob es individuelle Unterschiede gibt. Dazu zogen sie hundert Milchkühen auf zwei Biohöfen ein Halfter mit einem Band über dem Nasenrücken an, das die Tiere nicht stört. Im Band befindet sich ein kleiner geschlossener Silikonschlauch mit Salatöl. Bewegt die Kuh ihren Kiefer, wird

die Krümmung des Nasenbandes verändert. Dies wiederum bewirkt eine Druckänderung im Schlauch, was über ein Kabel von einem Sensor im Halfter registriert wird. Die Daten werden auf einen Computer übertragen und dort für die Analyse aufbereitet.
Das Team kann mit diesem Gerät genau eruieren, wie lange und zu welchen Zeiten eine Kuh frisst, wie schnell sie kaut, wie viele Male sie einen Grasklumpen aus dem Pansen in den Mund holt und wiederkäut, wie oft sie auf diesem Klumpen herumkaut und ihn dann wieder hinunterschluckt und zu welchen Zeiten sie ruht. Besonders interessant sind solche Beobachtungen bei einem Futterwechsel – zum Beispiel im Frühling, wenn die Kühe nach langer Heufütterung erstmals wieder auf der Weide junges, frisches Gras fressen. Wie gehen die Tiere mit dem Wechsel um, wie schnell gewöhnen sie sich an komplett neues Futter? Der Versuch ist noch nicht abgeschlossen, doch bereits jetzt zeigen sich grosse individuelle Unterschiede. Manche Kühe verändern ihr Verhalten schneller, andere sind langsamer. Vermutlich passen sich nicht alle Kühe gleich gut an.
Das ist besonders wichtig für Kühe, die nur mit Gras und Heu gefüttert werden. Ihre Kost ist viel abwechslungsreicher und viel anspruchsvoller als die Kost von Kühen, die jahraus, jahrein den gleichen Einheitsbrei erhalten.
Die Forscherinnen und Forscher untersuchen nun, ob es zwischen dem Fress- und Wiederkäuverhalten einer Kuh und ihrer Gesundheit und Robustheit einen Unterschied gibt und ob sie das Futter gut verwertet. Frisst eine robuste Kuh anders als eine schwächliche Kuh? Was genau sind die Unterschiede? Und wird gutes Fress- und Wiederkäuverhalten genetisch vererbt? Das könnte für die Züchtung wichtig sein – in den letzten Jahren wurde vor allem auf Milchleistung gezüchtet und ein wenig auch auf Gesundheit und Fruchtbarkeit. Oder lernt ein Kälblein von seiner Mutter, gut und effizient zu fressen und wiederzukäuen? Dann sollte ein Kalb eine Zeitlang bei der Mutter bleiben dürfen, um das zu lernen. Heute ist es üblich, einer Milchkuh das Kalb gleich nach der Geburt wegzunehmen.

Anet Spengler Neff sagt: »Wir versuchen durch Beobachtung herauszufinden, wie die Kuh das Wesentliche in ihrem Leben genau macht. Fressen und Wiederkäuen gehören zu ihren Kernkompetenzen. Sie tut das sechzehn Stunden pro Tag. Wie also können wir sie darin unterstützen, es möglichst gut zu tun und ihr Potential optimal zu entfalten?« Dazu brauche es eine sorgsame Beobachtung über längere Zeit, was mit dem Sensor erheblich vereinfacht werde.

Das Experiment ist ein schönes Beispiel für eine Forschung »aus der Teilnehmerperspektive«, wie dies der 2011 verstorbene Biologe und Theologe Günter Altner bezeichnete. Er beschreibt zwei unterschiedliche Forschungsansätze in den Naturwissenschaften: auf der einen Seite die Biologie des »Erklärens«, also die klassische Naturwissenschaft, bei der es um die Schaffung von Rahmenbedingungen geht, unter denen die Natur beobachtet und berechnet werden kann. Dem gegenüber steht die Biologie aus der Teilnehmerperspektive, die Biologie des »Verstehens«, des geduldigen Beobachtens. Diese beobachtende Forschung ist eine wesentliche Ergänzung zur klassischen Forschung. Dank ihr tun sich neue Einsichten und letztlich andere Wege der Rinderhaltung und -züchtung auf, die der konventionellen Agrarforschung bisher verborgen geblieben sind.

»Sollen sich auch alle schämen, die gedankenlos sich der Wunder der Wissenschaft und Technik bedienen und nicht mehr davon erfasst haben als die Kuh von der Botanik der Pflanzen, die sie mit Wohlbehagen frisst.«

Albert Einstein, 22. August 1930

VI. ZU EINER KUH GEHÖREN EINFACH HÖRNER

Besuch beim Biobauern Armin Capaul, der die Schweizer Hornkuh-Initiative lanciert hat

Merida ist die Leitkuh in Armin Capauls kleiner Herde, eine schöne und robuste Kuh, eine »Original Braune« mit elegant geschwungenen Hörnern. Fasst man das Horn an, merkt man, dass es warm ist. Wärmer als die Hand. Erst gegen die Spitze nimmt die Wärme ab. »Da ist viel Blut drin. Das Horn lebt«, sagt Armin Capaul. Das Kuhhorn sei eine Ausstülpung der Haut, in die ein Knochenzapfen hineinwachse. Dieser sei durchblutet, mit Nerven versehen und direkt mit der Stirnhöhle verbunden. Das Horn wächst lebenslang. »Ist das Horn kalt, weiss ich: Die Kuh ist krank«, sagt der bärtige Biobauer. Obwohl Hörner ein Teil der Kuh sind, haben heute neun von zehn Schweizer Kühen keine mehr: »Es soll mir mal einer erklären, warum die Kuh ihre Hörner nicht braucht! Wir haben kein Recht, ein Tier so zu verstümmeln. Wer den Kühen die Hörner nimmt, nimmt ihnen auch die Würde. Da kann man sich schon fragen: Ist die Kuh ohne Hörner blöd oder der Landwirt, der sie ihnen abnimmt?«

Es ist ein heisser Julitag, mittags. Wir stehen bei den Kühen und Ziegen, die sich um diese Zeit in den Wald oberhalb der Weide verzogen haben. Hier ist es angenehm kühl. Armin Capaul ergänzt: Es gebe auch kaum Bremsen, die Tiere fühlen sich wohl. Durch die Bäume kommen

Durch die Bäume kommen von überall her Ziegen und Kühe

von überall her Ziegen und Kühe und gesellen sich zu uns. Allen voran Merida, die Leitkuh. Sie sind nicht scheu. »Sie wissen, ich meine es gut mit ihnen«, sagt Capaul, er rede halt immer mit den Tieren und streichle sie.

Armin Capaul hat mit einigen Weggefährten die Eidgenössische Volksinitiative »Für die Würde der landwirtschaftlichen Nutztiere (Hornkuh-Initiative)« lanciert. Fast im Alleingang sammelte er über 150 000 Unterschriften. Die Initiative fordert, dass Bauernfamilien, die ihren ausgewachsenen Kühen die Hörner belassen,[64] finanziell unterstützt werden – etwa mit einem Franken pro Kuh und Tag. Begründung: Eine Hornkuh brauche im Laufstall etwas mehr Platz als ihre unbehornte Schwester und Raum sei teuer. Zudem erfordere dieser Umstand einen anderen Umgang mit den Tieren. Die Hornkuh-Initiative verlangt aber nicht zusätzliche Subventionen, sondern eine Umverteilung der Direktzahlungen zugunsten von Hornkuh-Halterinnen und -Haltern. Die eidgenössischen Räte haben das Begehren zur Ablehnung empfohlen,[65] nun wird die Schweizer Bevölkerung am 25. November 2018 darüber abstimmen. Die Initiative wird inzwischen von einer Gruppe engagierter Bäuerinnen und Aktivisten getragen.

Doch warum brauchen Kühe überhaupt Hörner? Während er Merida unter dem Kinn krault, was diese ganz offensichtlich geniesst, sagt Armin Capaul: »Sie sind wichtig für die Kommunikation untereinander.« Kommunikation? »Ja, wenn eine Kuh ihren Kopf so leicht nach schräg unten hält« – Armin Capaul macht es vor –, »dann sagt sie der Kuh in ihrer Nähe: ›Verschwinde von hier.‹ Hält sie den Kopf etwas nach oben«, er macht es wieder vor, »und schaut ihre Nachbarin an, sagt sie: ›Du kannst kommen.‹ Sie kann auch andeuten, wo sie geleckt werden will. Oder ›Du bist mir egal‹ oder ›Ich anerkenne deine Stärke und weiche‹. Alles dies kommuniziert sie mit den Hörnern.« Er ergänzt, dass jedes Tier eine genaue Wahrnehmung von der Grösse und der Form seiner Hörner habe und wisse, wo seine Hornspitzen enden. Das gibt ihm auch das Gefühl für seine Stellung in der Herde.

Auch der Wärmeaustausch spiele eine grosse Rolle: Wenn es heiss sei, könne eine Kuh durch die Hörner Wärme an die Umgebung abgeben, wie beim Schwitzen.[66] Dazu kommt das Handwerkliche: Kühe brauchten ihre Hörner, um sich am Körper zu reinigen, und könnten sich damit sogar am Rücken kratzen, sagt der Biobauer. Er habe einmal beobachtet, wie die Kuh Marianne ihrer Freundin

Rahel geholfen habe, ihre Augen zu säubern. Sie hielt ihr Horn ganz ruhig hin, und Rahel konnte sich an der Hornspitze die Augen putzen und auskratzen. »Stell dir vor, wie gross das Vertrauen zwischen den beiden sein muss!« Ein weiterer Grund, sagt Capaul, sei wahrscheinlich, dass sich die Tiere damit von weitem erkennen könnten. Kühe sähen ziemlich schlecht und in der Entfernung sähen sie andere Kühe als ziemlich unförmige Masse, aus der nur die Hörner hervorstächen. Durch die Hörner hebt sich die Gestalt ab, die Silhouette einer Kuh erhält dadurch ihren Charakter. Er fügt an: »Jedes Kind zeichnet eine Kuh mit Hörnern. Sonst ist es keine Kuh!«

Und braucht eine Kuh ihre Hörner auch zum Kämpfen? »Schon, aber nicht als Waffe«, meint Armin Capaul. Komme es zu Ringkämpfen, dienten die Hörner als Halteinstrumente oder zum Auffangen der gegnerischen Stösse. Dabei würden die Hörner oft so aneinandergehalten, dass die beiden Köpfe nicht voneinander abrutschen könnten. Damit werde ein direktes Kräftemessen Stirn an Stirn möglich. Vor allem junge Stiere liebten es, spielerisch zu »hornen« und ihre Kräfte zu messen. Hornlose Tiere hätten diese Möglichkeit nicht. Sie rutschten ab und müssten mehr an der Seite kämpfen. Sie würden sich dafür direkt auf Flanke und Bauch schlagen und stossen, was zu Prellungen und inneren Verletzungen führen könne.

Langsam kehren wir zurück. Am Waldrand bleiben wir stehen. »Ein schönes Plätzchen zum Sinnieren und Meditieren«, meint der Bauer. Ziemlich weit unter uns liegt ihr Hof Valengiron, einsam in einer üppig grünen Juralandschaft, auf über 900 Metern über Meer. Hinter dem Hof erhebt sich die Felswand der Montagne de Moutier. Das nächstgelegene Dorf Perrefitte ist eine gute Fussstunde entfernt, und rundherum ist Wald.

Armin Capaul

Später sitzen wir auf der Terrasse des Stöcklis, das Armin und Claudia Capaul bewohnen. Unter uns plätschert ein Brunnen, es riecht nach blühenden Linden. Claudia Capaul ist zuständig für den grossen Bauerngarten und den Haushalt, und auch sie engagiert sich bei der Hornkuh-Initiative. Sie holt, so scheint es, ihren Armin immer wieder auf den Boden zurück. Die beiden sind schon 37 Jahre verheiratet und haben drei Kinder grossgezogen. Die Capauls haben sieben Kühe, einen Stier und sechs Kälber. Ausserdem leben hier oben sieben Ziegen und ein Ziegenbock, zwanzig Schafe, zwei Esel, ein Hund, Hühner und eine Katze mit ihren drei Jungen. Der Biobauer sagt, dass seine Kühe nur Gras und Heu erhalten – kein Kraftfutter. Auch auf den Weiden setzt er weder Kunstdünger noch Pestizide ein. Das spart Geld. Er hält die Kühe in einem Anbindestall, um sie beim Anbinden streicheln zu können, so dass sie zahm bleiben. Aber sie sind immer draussen, auch im Winter haben sie jeden Tag Auslauf. Sie seien kaum je krank, »bei uns würde ein Tierarzt verlumpen«, meint er.

Heute haben nur noch zehn Prozent der Kühe in der Schweiz Hörner. Vor 35 Jahren waren es noch alle. Dann kamen Laufställe auf, in denen die Kühe nicht mehr angebunden werden, sondern sich frei bewegen. Behornte Kühe brauchen aber im Laufstall etwas mehr Platz als unbehornte, wegen der Enge kommt es sonst häufiger zu Verletzungen mit den Hörnern.[67] »Nun kann man entweder den Stall vergrössern oder die Kühe enthornen. Enthornen ist billiger«, sagt Armin Capaul. Doch, fährt er fort: »Hat ein Bauer eine gute Beziehung zu seinen Kühen und kennt sie, sind behornte Kühe auch in kleinen Laufställen nicht gefährlich. Dann ist die Herde ruhig, und es gibt keine Probleme. Das gegenseitige Vertrauen ist die Grundlage für ein gutes Zusammenleben ohne Verletzungen. Darauf kommt es an.«[68]

In der Schweiz werden die Kälber vor der vierten Lebenswoche enthornt. Dazu werden sie erst lokal betäubt, anschliessend brennt man ihnen die Hornknospen mit einem 700 Grad heissen Lötkolben aus. Sobald die Betäubung nachlasse, sagt Capaul, springe das Kalb nach hinten und jammere fürchterlich. Es tut ihm weh. Der Schmerz kann lange andauern, wie eine Studie der Universität Bern nachwies: Über 20 Prozent der untersuchten Kälber hatten auch drei Monate nach der Enthornung noch Schmerzen.[69] In Deutschland können Kälber sogar bis zur sechsten Lebenswoche und ohne Betäubung enthornt werden.[70] Auch werden immer wieder erwachsene Kühe enthornt, zum Beispiel wenn ein Bauer eine Hornkuh für seinen Laufstall dazukaufe. Dann würden die Hörner mit einer Drahtsäge abgesägt. Es blutet sehr, und man sieht durch das Loch direkt in die Stirnhöhle hinein.

Das Telefon klingelt. Marcel Liner von der Schweizer Naturschutzorganisation Pro Natura ist am anderen Ende der Leitung und sagt, sein Verband werde demnächst die Abstimmungsparole zur Hornkuh-Initiative diskutieren. Er hoffe auf ein Ja, versprechen könne er aber nichts. Der WWF habe noch keine Parole gefasst, ebenso wenig die Grünen. Mein Gastgeber meint, er habe über interne Kanäle vernommen, dass der mächtige Bauernverband auf Stimmfreigabe tendiere. Der Verband sei gespalten – viele Bauern mit hornlosen Kühen würden die Initiative bekämpfen. »Da ist Stimmfreigabe das Beste, was sie machen können, sonst können sie ihre Edelweisshemden gleich im Kleiderschrank versorgen«, meint Armin Capaul. Die Diskussion über mögliche Strategien und Aktionen zieht sich hin.

Nachher erzählt der Bauer, dass die Hornkuh-Initiative schon jetzt grossen Erfolg habe. Allein in der Deutschschweiz seien enorm viele Zeitungsartikel darüber erschienen. Da werde jeder Werbeprofi blass vor Neid. Das Thema gehe um die Welt: Die *New York Times* habe berichtet, die *Frankfurter Allgemeine,* der *Spiegel,* und selbst in indischen Zeitungen sei er inzwischen bekannt. Und wenn jemand seine Visitenkarte wünsche, reiche er eine Karte, auf der nur www.hornkuh.ch stehe. Die Leute müssten dann auf der Homepage nachschauen und stiessen dort direkt auf ein *YouTube*-Video von der *NZZ* über ihn und die Initiative. Auf der *Facebook*-Seite der *NZZ* sei es sogar schon über eine Million Mal angeklickt worden, sagt er und kichert vergnügt.

Armin Capaul wundert sich manchmal, was zwei Hörner alles anrichten können. »Die Hornkuh-Initiative berührt direkt das Herz, es ist ein sehr emotionales Anliegen. Alle verstehen das.« Zu einer Kuh, meint er, gehörten einfach Hörner. Das sei tief in der Schweizer Volksseele verankert.

Das wohl berühmteste Sujet von Schweizer Postkarten sind prächtige Hornkühe mit grossen Glocken vor einem glühenden Alpenpanorama. Oder behornte Ziegen, die von einem kleinen Sennenbuben umarmt werden. Wie sähe der stolze Uristier – das Wappentier des Kantons Uri – ohne Hörner aus? In Souvenirläden gibt es Halstüchlein mit Hornkühen, Feuerzeuge mit Hornkühen, Hosenträger mit Hornkühen, *Swiss chocolate* mit einem Hornkuhbild. Die Milch für die Schokolade stammt allerdings meist von hornlosen Kühen. Denn nie wird die traurige Realität abgebildet: 90 Prozent der Schweizer Kühe tragen keine Hörner mehr.

Die Kluft, der Widerspruch zwischen der enthornten Hochleistungsmaschine Kuh auf der einen Seite und der Hornkuh unserer Sehnsüchte auf der anderen ist allgegenwärtig. Die Ethnologin Kathrin Oester schreibt: »An der Stelle der realen Hochleistungskuh, die Unlust hervorruft, tritt ein ins Gegenteil verkehrtes Bild einer friedlichen, freien Alpenkuh.« Sie fährt fort: »Wie kein anderes schweizerisches Symbol erlebt die Kuh gegenwärtig eine Art Hochkonjunktur. Als eine Art Gegenspielerin des Nationalhelden Wilhelm Tell verkörpert die Kuh ein weitverbreitetes Bedürfnis nach Sicherheit, Verwurzelung und Bodenständigkeit.« Der Artdirector einer Werbefirma habe dies Oester gegenüber so ausgedrückt: »Man sehnt sich heute nicht mehr nach dem Ferrari, sondern nach der Kuh.«[71] Und diese Kuh hat Hörner.

Merida, die Leitkuh

Auf dem Weg zum Bahnhof Moutier, eine steile, holprige Naturstrasse hinunter, diskutieren wir, dass es bei der Hornkuh-Initiative um viel mehr gehen könnte als um Kuhhörner. Die Initiative könnte ein Symbol sein, ein Sinnbild für eine Landwirtschaft von morgen. Nicht rückwärtsgewandte Nostalgie also, sondern ein Zukunftsszenario. Eine Landwirtschaft, wo Kühe nur Gras und Heu erhalten und Hörner tragen. Wo Kühe den Menschen kein Ackerland wegfressen, in dem sie Kraftfutter aus Soja oder Mais erhalten.[72] Jüngere Studien zeigen: Mit einem weitgehenden Verzicht auf Kraftfutter liesse sich – zumindest in der Schweiz – Milch deutlich kostengünstiger produzieren. Nicht nur die Kosten für Kraftfutter fallen weg, auch sind die Tierarzt-, Maschinen- und Gebäudekosten weniger hoch (s. Seiten 74f.). Es zeigt sich zudem, dass robuste, dem steilen Alpengelände angepasste Kühe unter dem Strich oft besser rentieren als grosse, schwere Hochleistungskühe. So wie Merida und ihre behornten Genossinnen. Alles Original Braune, die sowohl genügend Milch geben wie auch gut im Fleisch sind.

Nachbemerkung: Am 25. November 2018 wurde die Hornkuh-Initiative von den Schweizer Stimmberechtigten mit 54,7 Prozent Neinstimmen leider abgelehnt.

»Wenn man sich eine Hornscheide mit der Hornbasis ans Ohr hält und dann an der Spitze des Hornes kratzt, hört man das ganz deutlich: das ist der ›Grammophoneffekt‹. Die Kuh mahlt mit ihren Zähnen beim Wiederkäuen. Das hört sie auch. Sie hört dann in sich hinein. Die Kuh nimmt etwas wahr, was sie selber erzeugt.«
Andreas Letsch, Biobauer[73]

»Horn ist eine Bildung der Haut. Es ist zwar ›tot‹, aber eine Stoffbildung aus dem Lebendigen (ähnlich der Rinde beim Baumstamm). Hauptbestandteil der Hornsubstanz sind verschiedene Keratine: faserige, schwefelhaltige Eiweissstoffe. Keratin kommt an der Hautoberfläche als Hornhaut und Schuppen, in Haaren, Wolle, Federn, Borsten, Stacheln, Hufen, Klauen, Krallen, Hörnern, Nägeln, Schnäbeln (…) vor. Häufig wird Horn wegen seines Stickstoffgehalts von 12–15% in Form von Hornspänen oder Hornmehl als Dünger verwendet. In früheren Zeiten war es ein wertvolles Material für Knöpfe, Kämme, Pfeifenspitzen und Stockgriffe. Da es eingeweicht und erwärmt sehr leicht zu bearbeiten ist, gesägt, gespalten, gepresst, gebohrt, gedrechselt, ja sogar zu Platten zusammengeschweisst werden kann, brauchte man das helle, durchscheinende Horn sogar als Laternenscheiben und um Waagschalen für

Apotheken herzustellen«, heisst es in der Broschüre *Die Bedeutung der Hörner für die Kuh.*[74]

»Wenn das Horn einer Kuh stark riecht, dann stimmt etwas nicht mit ihr. Es gibt einen Zusammenhang zwischen dem Horngeruch und dem Stoffwechsel. Das Horn riecht süsslich-kieselig, aber auch würzig. Man riecht so etwas sonst nirgends.«
Christian Müller, Biobauer[75]

VII. WARUM DER EIERLEGENDE HAHN ZUM TODE VERURTEILT WURDE

Gespräch mit Andreas Brenner

Andreas Brenner ist Professor für Philosophie und lehrt an der Universität Basel und an der Fachhochschule Nordwestschweiz. Er befasst sich unter anderem mit Umwelt- und Tierethik.[76]

Herr Brenner, Tiere gelten seit 2003 in der Schweiz rechtlich nicht mehr als Sachen …[77]

Ja, die Entscheidung, die höchsten Dokumente demokratischer Staaten dem Lebensgefühl der Menschen anzupassen, war überfällig! Kein Mensch käme auf die Idee, seinen Hund als Sache zu bezeichnen. Niemand, wenn er nicht gerade Psychopath ist, hat auch vorher Tiere als Sachen betrachtet, sondern als Lebewesen, mit denen wir unser Leben teilen. Ausserdem sagt die Bundesverfassung seit 1992, dass wir im Umgang mit anderen Lebewesen »die Würde der Kreatur« beachten sollen. Dieser Verfassungsartikel, den kein anderer Staat auf der Welt kennt, stellt einen enormen zivilisatorischen Fortschritt dar. Den Sachstatus abzuschaffen war da nur konsequent.

Was heisst Würde?

Etwas, das Würde hat, hat nicht primär einen Wert *für* etwas oder jemanden, sondern einen Wert *an sich*.

Hat sich seit der Streichung des Sachstatus für das Tier etwas geändert?
Für die Tiere nicht. Sie werden weiter im Tierversuch oder in der Massentierhaltung verbraucht. Geändert hat sich dagegen etwas für den Menschen: Er muss sich nicht mehr dafür schämen, in einem Staat zu leben, der das Tier als Sache bezeichnet.
Warum hat denn die Schweiz erst lange nach Deutschland und Österreich den Sachstatus aufgegeben?
Ein Interesse am Sachstatus haben die industrielle Landwirtschaft, die Nahrungsmittelkonzerne und die Pharmaunternehmen, die zum einen tierische Wachstumspräparate und weitere Dopingmittel herstellen und zum anderen Tiere im Tierversuch verwenden. Sie behandeln Tiere immer noch als Objekte. Daran hat sich mit der Aufhebung des Sachstatus nichts geändert. Geändert haben sich jedoch die Gefühle der Menschen, die mit dieser Massnahme bewirtschaftet wurden. Das nennt die Ökonomie Win-win-Situation: Die Menschen sind beruhigt, ohne dass dadurch die Industrie beunruhigt wird. Dieser Schritt hat keinen Menschen etwas gekostet, wohl aber die Tiere.
Was für eine Beziehung haben wir denn heute zu Tieren?
Ich finde, wir haben eine sehr verarmte, auf das Funktionale reduzierte Beziehung. Es geht uns beim Tier vorwiegend um den Nutzen, den es einem bringt. Das gilt nicht nur für die sogenannten Nutztiere, sondern auch für viele Haustiere. Unsere Beziehungen zu Tieren sind flach, es sind Schrumpfbeziehungen. Sie sind von unseren Interessen geleitet.
Was geht uns Menschen durch diese Schrumpfbeziehung verloren?
Wir Menschen sind Wahrnehmungswesen. Wir erschlies-

sen uns die Welt vorwiegend über unsere Sinne. Kleinkinder zum Beispiel können ihre Umgebung zunächst *nur* über ihre Sinneswahrnehmung erfassen, sie reflektieren noch nicht darüber. Die Welt von Kleinkindern ist dadurch viel reicher als die Welt von uns Erwachsenen: Sie kommunizieren nicht nur mit Menschen, sondern auch mit Tieren oder Sachen wie Puppen. Das kennen auch animistische Kulturen – Kulturen, in denen Tiere und Dinge beseelt sind. Auch ihre Welt ist viel reicher als unsere Erwachsenenwelt.

Dieses Verhältnis kennen wir aus Erzählungen: In Märchen sprechen Menschen mit Tieren, in Fabeln verhalten sich Tiere wie Menschen.

Diese wechselseitige Beziehung kennen wir auch aus der Antike: Alles, was lebt, hatte in der Antike eine Seele, auch Tiere und Pflanzen. Auch viele aussereuropäische Kulturen schätzen die nichtmenschliche Natur seit je hoch. Afrikanische oder uramerikanische Kulturen zum Beispiel kommunizieren auch mit nichtmenschlichen Lebewesen. Diese Sichtweise finden wir ebenfalls im europäischen Mittelalter, in der christlichen Mystik.

Im Mittelalter waren Tiere sogar Rechtssubjekte wie Menschen. Es gab Tierprozesse und Hinrichtungen.

Genau, in Basel wurde zum Beispiel im Jahre 1471 ein Hahn zum Tode verurteilt, weil er wider die Natur ein Ei gelegt hatte. Er wurde geköpft.

Weil man annahm, er sei verhext?

Ja, weil man glaubte, er sei vom Teufel beherrscht. Solche Vorstellungen waren damals ein Grund, jemanden zu verbannen oder zum Tode zu verurteilen. Es wurden ja auch Menschen hingerichtet, weil man glaubte, sie seien Hexen.

Andreas Brenner

Auch Tiere, die Menschen schädigten, kamen vor den Richter, zum Beispiel Schweine, die Kinder totgebissen hatten. Sie wurden als Kindesmörder verurteilt und auf dem Marktplatz gehängt. Beissende Hunde wurden häufig ebenfalls zum Tode verurteilt.[78] Auch wenn es für die Tiere meistens negativ ausging, war der Hintergrund doch positiv: Tiere galten als Personen, die für ihre Taten verantwortlich sind. Sie können sich schuldig machen, sie können aber auch unschuldig sein. Bei Tierprozessen gab es einen Richter, einen Ankläger und einen Verteidiger – ganz ähnlich wie bei der Institution des Tieranwaltes, den es in Zürich bis vor einigen Jahren gab. Man kann also auch in einer aufgeklärten Kultur Tiere als Rechtssubjekte anerkennen, ohne sie zugleich als schuldfähig anzusehen, so wie wir ja auch Kinder beurteilen. Wäre der Mensch den Weg gegangen, der Tiere als Rechtssubjekte anerkannte, hätten wir heute wohl ein anderes Verhältnis zu Tieren.

Woher kam diese Auffassung?

Aus dem Gedanken, dass alle Lebewesen Gottes Geschöpfe sind. Das Mittelalter wird immer als Irrweg und dunkle Zeit dargestellt. Aber das stimmt nicht. Im Christentum gab es noch bis ins 13. Jahrhundert zwei Strömungen. Die Hauptströmung, die uns am stärksten geprägt hat, interpretiert die Schöpfungsgeschichte als Unterwerfungsauftrag: Der Mensch ist Herr über die Erde und soll sich alle nichtmenschlichen Lebewesen untertan machen. Für die zweite, weniger wirkungsmächtige Strömung, die christliche Mystik, sind alle Lebewesen Mitgeschöpfe, die eine entsprechende Rücksichtnahme verdienen. Zwei Vertreter dieser Richtung sind noch heute bekannt: Franz von Assisi, der Begründer des Franziskanerordens, und die Benediktinerin Hildegard von Bingen. Beide galten als Dissidenten und wurden innerhalb der katholischen Kirche ausgegrenzt. Dennoch sind ihre Visionen bis heute lebendig geblieben. Während Hildegards Vorstellungen schon lange intensiv diskutiert werden – man denke nur an die Hildegard-Medizin –, könnte sich das nun auch bei Franz ergeben: Der amtierende Papst ist der erste in der langen Papstgeschichte, der den Namen des Heiligen aus Assisi angenommen hat. Ganz in dessen Geist hat Papst Franziskus mit seiner zweiten Enzyklika im Jahre 2015 eine bedeutende Umweltethik geschrieben.

Der Unterwerfungsgedanke hat aber gesiegt.

Ja, er hat sich in der Praxis durchgesetzt: Tiere werden in der industriellen Landwirtschaft behandelt wie Sachen. Vielleicht ist das kleine Europa mit seiner Industrialisierung der ganzen Welt auch deshalb davongeprescht, weil es den nichtmenschlichen Lebewesen die Seele absprach. Was keine Seele hat, muss moralisch nicht berücksichtigt werden. Der Kapitalismus hat den »Wert *an sich*« ersetzt durch den »Wert *für* etwas«. Nicht zufällig sind aussereuropäische animistische Kulturen, wie es sie noch in afrikanischen, asiatischen, australischen und uramerikanischen Gemeinschaften gibt, ökonomisch viel ärmer. Aber das Denken von Franz von Assisi und Hildegard von Bingen ist auch bei uns nicht verschwunden. Das sieht man auch daran, dass niemand überrascht war, als der Schweizer Bundesrat sagte, dass das Tier keine Sache mehr sei. Wir haben das ja schon immer so empfunden.

Die Vorstellung, dass alle nichtmenschlichen Lebewesen Objekte seien, wurde Anfang des 17. Jahrhunderts unter anderem durch den französischen Philosophen René Descartes vertreten. Für ihn waren Tiere Automaten.

Philosophiehistorisch gab es viele Wegkreuzungen für unsere heutige Kultur. Die eine markiert René Descartes mit seinem Substanzendualismus: Descartes hatte die Welt aufgeteilt in eine Welt der Objekte und in eine Welt des Geistes. Nur der Mensch hat Geist oder Bewusstsein, alles andere sind nur Körper oder eben Automaten. Zweihundert Jahre später formuliert Jeremy Bentham die andere Wegkreuzung unserer Kultur: »Es kommt nicht darauf an, ob man reden kann oder ob man Vernunft hat, sondern ob man leiden kann.« Und weil Tiere leiden können, müssen wir sie laut Bentham moralisch berücksichtigen. Dass wir nicht diesen, sondern den von Descartes und Kant gebahnten Weg gegangen sind, hat unser Wissen über das Lebendige, unsere Methoden der Wissenschaft und unsere Techniken der Wirtschaft nachhaltig geprägt. Der von Descartes angestrengte Befreiungsschlag gegen mittelalterliche Weltdeutungen ist uns also nicht nur gut bekommen.

Ausgerechnet in der Zeit der Aufklärung, die Freiheit, Gleichheit, Brüderlichkeit deklamierte, war das Tier eine Sache.

Ja, in der Zeit der Aufklärung rutschte das Tier ins Dunkle, weil jetzt nur noch die lichte Vernunft zählte. Für den Aufklärungsphilosophen Immanuel Kant zum Beispiel war das Tier eine Sache, weil es keine Vernunft besitzt. Deshalb stellte für ihn auch das Quälen und Töten von Tieren an sich kein moralisches Problem dar, wohl aber für uns. Kant sah hier die Gefahr, dass das für das menschliche Zusammenleben so wichtige Mitgefühl abstumpfen könne. Für besonders problematisch hielt Kant dabei die »martervollen physischen Versuche zum Behuf der Speculation«, also den Tierversuch. Es gab aber auch zu dieser Zeit und aus dem unmittelbaren Umfeld Gegenstimmen: Johann Gottfried Herder, einer der Begründer der Sprachphilosophie und vormaliger Student bei Kant, beobachtete zum Beispiel, dass wir Menschen uns selten bei der Beurteilung von tierischen Empfindungen täuschen: Wenn ein Tier leidet, merken wir das. Ob es einem Tier gutgeht oder nicht, schätzen wir meist richtig ein. Das liegt nach Herder daran, dass Tier und Mensch eine gemeinsame Sprache haben: Als Baby, sagt Herder, sei der Mensch zunächst vor allem Tier. In den ersten Lauten eines Babys hörte der Sprachphilosoph Tierlaute und sagte: »Schon als Tier hat der Mensch Sprache.« Das meinte er nicht abwertend. Er wollte uns damit auf unseren Reichtum hinweisen. Er bezeichnete die Tiere als »ältere Brüder« der Menschen. Die gemeinsame Sprache geht übrigens nicht verloren. Haben Menschen zum Beispiel extreme Schmerzen, brüllen oder schreien sie wie Tiere. Wenn wir den Blick auf unsere Verwandtschaft mit Tieren richten, wenn wir über unsere Gemeinsamkeiten nachdenken, dann erweitert sich plötzlich unsere Welt.

Unsere Welt würde wieder reicher.

Ja, und vielleicht fühlte sich der Mensch, der sich eine Sonderstellung gegeben hat, dann auch nicht mehr so alleine.

Eine Topposition geht immer einher mit einer Minderung an Beziehungen, sie führt tendenziell zu Einsamkeit oder gar Autismus. Das Gespräch mit anderen – Menschen, Pflanzen oder Tieren – ist der beste Schutz davor.

VIII. OMNIA MUTANTUR, NIHIL INTERIT – ALLES WANDELT SICH, NICHTS GEHT UNTER

Es lebte einst ein wunderschöner Jüngling. Er hiess Narziss und war unsterblich in sein eigenes Spiegelbild verliebt, das er im Wasser eines Sees erblickte. Aus lauter Verzweiflung, dass er sein Spiegelbild nicht fassen konnte, starb er und gelangte in die Unterwelt. Aus seinem Blut, das die Erde tränkte, wuchs alsdann eine Narzisse. Von tief unten gelangte sie ans Licht, wuchs kraftvoll gen Himmel. Narziss verwandelte sich in eine Narzisse.[79]

Die Geschichte erzählt der römische Dichter Ovid, der vor etwas mehr als 2000 Jahren gestorben ist (17 n. Chr.). In seinen wundersamen *Metamorphosen* verwandeln sich Menschen in Pflanzen und Götter in Tiere. Die Bergnymphe Daphne etwa, die vom liebestollen Apollon verfolgt wurde und in allerletzter Sekunde nur entkam, weil ihr Vater Penëus sie in einen Lorbeerbaum verwandelte. Für Daphne zwar die Rettung vor ihrem Stalker – doch der Preis war hoch: Sie erstarrte zu hartem Holz, ihr Mund wurde für immer geschlossen, ihre flinken Füsse fest verwurzelt.[80] Dann aber trieben Äste aus, der Lorbeerbaum wuchs und spross, und es kam Leben – wenn auch ein anderes Leben – in den Baum, der Daphne jetzt ist. Dann aber beginnt das Holz zu leben, erst zögerlich. Saft pulsiert in den Ästen, Wasser gelangt in die Astspitzen. Äste treiben aus, Blätter spriessen und wachsen. Ein Tanz der Pollen erfüllt die Luft, es beginnt zu blühen, immer mehr und immer üppiger – Daphne wird zu einem Blütenmeer. Menschen werden bei Ovid auch in Tiere verwandelt, die begabte und stolze Weberin Arachne etwa. Sie forderte die Göttin Athene zu einem Wettstreit auf, wer das schönste Bild weben könne. Arachne gewann. Das erzürnte die Göttin dermassen, dass sie ihre Konkurrentin in eine Webspinne verwandelte. So weben Arachne und ihre Nachkommen bis in alle Ewigkeit Spinnennetze.

»Omnia mutantur, nihil interit – Alles wandelt sich, nichts vergeht«, lässt Ovid den Pythagoras im letzten Buch der *Metamorphosen* sagen. Das ist Ovids Credo für die Nachwelt. Metamorphosen: ein ständiges Werden, Wachsen, ein Sichverwandeln und Vergehen. Es sind Momente des Übergangs von einer Gestalt zur anderen, Schwebemomente. Mit jeder Verwandlung geht etwas verloren und entsteht etwas neu.[81]

Ovids Verwandlungen sind poetische Sinnbilder, Metaphern dafür, dass wir alle in eine Schicksalsgemeinschaft eingebunden sind: Pflanzen, Tiere, Menschen und Götter. Es sind Gleichnisse, die besagen, dass die Grenzen zwischen diesen Reichen fliessend sind. Und überwunden werden können. Diese Übergänge sind zwar meist gewalttätig, qualvoll – doch danach geht das Leben weiter, als Narzisse, als Lorbeerbaum, als webende Spinne.

Natürlich sind Pflanzen ganz anders als Tiere und Menschen. Sie betreiben Photosynthese und sind verwurzelt im Boden. Sie haben keine Augen, keine Nase und keine

Ohren. Doch Pflanzen besitzen – wie wir Menschen – Sinneszellen, sogenannte Rezeptoren, mit denen sie Umweltsignale nuanciert wahrnehmen können. Diese sind über die ganze Pflanze verteilt. Sie besitzen spezielle Sinneszellen für Licht, für Gerüche und wahrscheinlich auch für Töne. Eine Pflanze sieht,[82] riecht, schmeckt oder hört also mit all ihren Blättern, mit ihrem ganzen Stängel und auch ihrer Wurzel.

Je mehr wir uns der molekularen Ebene annähern, desto verblüffender sind die Ähnlichkeiten zwischen Pflanzen-, Tier- und damit auch menschlichen Zellen. Pflanzenzellen leiten Informationen mittels elektrischer Signale weiter, so wie unsere Zellen. Wird ein Blatt von einer Raupe angefressen, so entstehen elektrische Aktionspotentiale, die sich über die gesamte Pflanze verteilen, einfach viel langsamer als bei uns Menschen. Und Pflanzenzellen kommunizieren ebenfalls mit Hormonen und Botenstoffen, zum Teil sehr ähnlichen oder gar den gleichen wie Tier- und Menschenzellen.

Pflanzen, Tiere und auch wir Menschen haben unseren gemeinsamen Ursprung in einzelligen Lebewesen, die sich in einer fast drei Milliarden Jahre dauernden Evolution zu einer einzigartigen Vielfalt an Lebewesen ausdifferenziert haben. In dem für uns unvorstellbar langen Zeitraum bildeten diese Einzeller nicht unbedingt optimale Formen oder Grössen aus, sondern entwickelten eine optimale Flexibilität. Während dieser drei Milliarden Jahre entstanden alle elementaren Grundformen für die späteren Ernährungs- und Stoffwechselvorgänge von Pflanzen und Tieren. So auch die Art und Weise, wie Zellen miteinander kommunizieren: mit Hilfe von Signalstoffen oder elektrischen Impulsen. Die Zellen waren in dynamische Beziehungsgeflechte eingebunden; sie kommunizierten, agierten und reagierten ständig miteinander. Aus diesen interagierenden einzelligen Lebewesen entwickelten sich schliesslich vor 300 bis 400 Millionen Jahren Pflanzen und Tiere parallel in eine andere Richtung weiter. Pflanzen, Tiere und Menschen haben also gemeinsame Wurzeln. Wir sind mit Pflanzen und Tieren verwandt. Auf der darüberliegenden Ebene – auf der Ebene der Organe und erst recht der einzelnen Lebewesen – unterscheiden sich Pflanzen und Tiere radikal. Der Punkt ist aber: Alle haben im Laufe der Evolution eine grosse Flexibilität erreicht, um sich an eine sich ständig verändernde Umwelt anpassen zu können. Pflanzen handeln, indem sie sich wandeln. Sie sind Metamorphose.

Pflanzen, so meinen heute viele Forscherinnen und Wissenschaftler, können aus Erfahrungen lernen und sich später daran erinnern. Lernen? Ein diffuses Konzept, das bisher nur Menschen und Tieren vorbehalten blieb. Lernen bedeutet zuerst einmal: Ein Lebewesen erinnert sich an ein vergangenes Ereignis und ändert dank dieser Erinnerung sein zukünftiges Verhalten.[83] Das können auch Pflanzen. Wie sie lernen, wissen wir nicht, doch auch die molekularen Grundlagen menschlicher Lernprozesse lassen noch viele Rätsel offen. Wir sind auf Beobachtungen angewiesen.

Tomaten zum Beispiel: Ein Team um Georg Jander vom Boyce Thompson Institute in Ithaca, New York, kultivierte im Gewächshaus Tomatenpflanzen über mehrere Generationen hinweg – ohne jegliche Frassfeinde. Dann setzten

(Fortsetzung auf Seite 114)

Die Bergnymphe Daphne wird von Apollon verfolgt
und verwandelt sich in einen Lorbeerbaum.

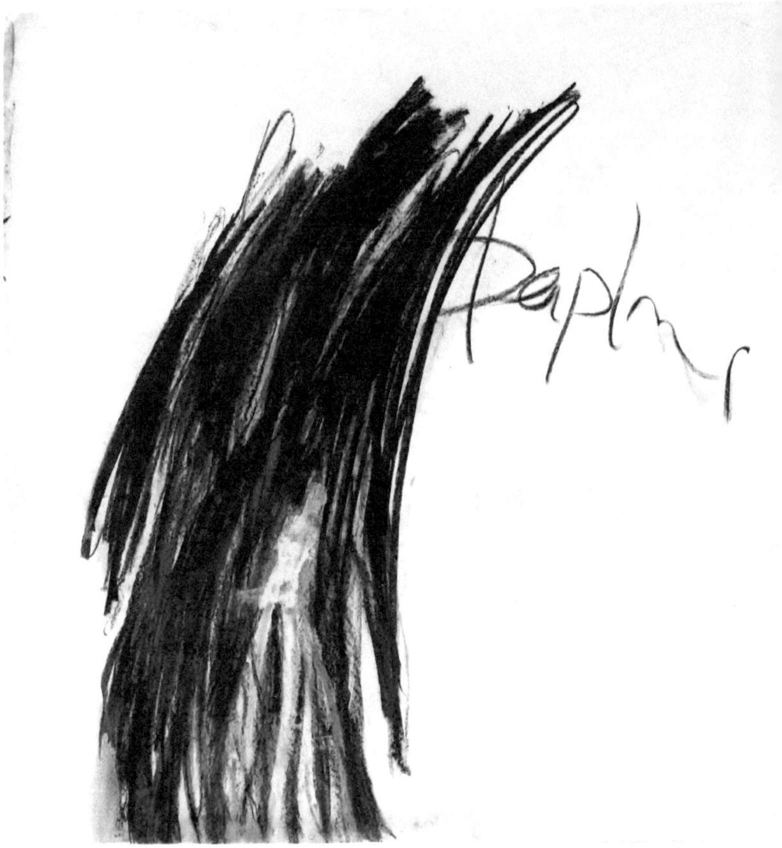
Daphne

sie Raupen auf die Pflanzen, die an den Blättern frassen. Die Gewächse begannen sich langsam zu wehren und bildeten Toxine gegen die Raupen. Doch einmal angegriffene Tomaten konnten sich bei einer späteren Attacke schneller und effizienter zur Wehr setzen. Die Pflanzen erinnerten sich daran, wie sie die früheren Angriffe pariert hatten. Sie lernten, ihre Abwehrbereitschaft schneller zu mobilisieren.[84] Inzwischen zeigen zahlreiche Studien, dass viele – wahrscheinlich alle – Pflanzen das können: aus Erfahrungen lernen und sich später daran erinnern.[85]

Eine komplexere Art des Lernens ist das »assoziative Lernen«, das der russische Physiologe Iwan Pawlow Anfang des letzten Jahrhunderts bei Hunden nachgewiesen hatte. Jedes Mal, wenn seine Hunde Futter erhielten, lief ihnen das Wasser im Mund zusammen. Kam zum Futter ein Glockenton hinzu, lernten die Hunde bald, eine Verbindung zwischen Glockenton und Futter herzustellen. Selbst beim Klang der Glocke allein sammelte sich Speichel im Mund, auch wenn sie gar kein Futter erhielten. Diesen Lernvorgang nannte Pawlow »assoziatives Lernen«.

Können auch Pflanzen assoziativ lernen? Das hatte ein internationales Team unter der Leitung der australischen Forscherin Monica Gagliano (s. Kapitel I) mit Wissenschaftlern der Universitäten Oxford und Zürich untersucht.[86] Als Belohnung erhielten ihre Pflanzen Licht statt Futter, anstelle des Glockenklangs gab es durch einen Föhn verursachten Wind.

Die Forscher setzten Erbsenkeimlinge auf den Grund eines Y-förmigen Rohres. Zuerst wurden die kleinen Pflan-

zen einige Tage an einen Zyklus von acht Stunden Licht und sechzehn Stunden Dunkelheit gewöhnt. Die nächsten drei Tage erhielten sie nur eine Stunde Licht pro Tag. Dann begann das eigentliche Training, drei Tage lang: Die erste Gruppe erhielt Licht von der linken Seite des Y-Rohres und Wind von der rechten Seite her. Die zweite Gruppe erhielt Licht und Wind von der rechten Seite her. Jeden Tag gab es drei zweistündige Trainingsphasen, die von einer einstündigen Dunkelheit unterbrochen wurden. Damit sich die Erbsenkeimlinge nicht an die Richtung des einfallenden Lichtes gewöhnen konnten, kam das Licht einmal von links und einmal von rechts. Nur das Verhältnis von Licht zu Wind blieb gleich: Bei der ersten Gruppe kamen Wind und Licht von entgegengesetzten Seiten, bei der zweiten Gruppe von derselben Seite des Y-Rohres.

Am vierten Tag wuchsen die kleinen Pflanzen langsam bis zur Gabelung des Y-Rohres hin. Nun blieb es die ganze Zeit dunkel, nur der Wind blies von einer Seite her. Die Keimlinge mussten eine Entscheidung treffen, in welche Richtung sie in der Dunkelheit wachsen wollten: dorthin, woher zuletzt das Licht gekommen war,[87] oder dorthin, von wo der Wind das Licht erwarten liess.

Die meisten trainierten Erbsen wählten die »richtige« Seite (die erste Gruppe weg vom Wind, die zweite Gruppe hin zum Wind). Die Pflanzen lernten also, eine Verbindung zwischen Wind und Licht herzustellen, und konnten so vorausbestimmen, wo das Licht sein würde. Das seien keine angeborenen Reaktionen gewesen, schreibt Monica Gagliano: »Gehirne und Nerven sind nur eine denkbare, zweifellos hochentwickelte Lösung, aber möglicherweise keine notwendige Voraussetzung für das Lernen.«[88, 89, 90]

Und auch Tiere sind uns in vielen Bereichen viel ähnlicher, als wir je geahnt hatten. Wir wissen seit einigen Jahren, dass Raben schnell lernen, Werkzeuge zu gebrauchen. Dass Makaken lernen, Kartoffeln im Salzwasser zu waschen, bevor sie sie essen. Dass sich Elefanten und Teufelsrochen im Spiegelbild erkennen – also eine Art Bewusstsein ihrer selbst haben.

Bisher war man sich aber sicher, dass der grösste Unterschied von Mensch zu Tier darin bestehe, dass Tiere im Hier und Jetzt leben. Sie können nicht bewusst in die Zukunft planen, haben nicht einmal eine Vorstellung davon. Und dann zeigte Santino, dass er genau das konnte. Der Schimpanse im Zoo Furuvik in Schweden hatte immer wieder seinen Spass daran, Besucherinnen und Besucher mit Steinen zu bewerfen. Zu diesem Zweck sammelte er im Voraus Zementbrocken, schlug sie in flache, tellergrosse Stücke und türmte diesen Vorrat auf. Und zwar lange bevor die Leute kamen. Mit der Zeit erkannten sie Santinos Absicht und wichen zurück, sobald sie die Steinhaufen sahen. Also begann Santino seine Munition hinter Heubüscheln und Holzstämmen zu verstecken, um unerwartet loslegen zu können. Er wusste also, dass er zu einem späteren Zeitpunkt Menschen mit Steinen bewerfen wollte, und bereitete sich minutiös darauf vor. Er hatte eine Vorstellung von der Zukunft.[91]

Dass manche Tiere um ihre Toten trauern, galt lange Zeit ebenfalls als eine Überinterpretation tierischen Verhaltens, als eine viel zu weitgehende Vermenschlichung. Dem ist nicht so: 2017 wurde in Arizona eine kleine Rotte Nabelschweine (Pekaris) dabei beobachtet, wie sie um ein totes Weibchen trauerte. Über zwei Wochen kamen die Vertrauten immer wieder zu der Toten hin, schubsten sie mit der Nase, rochen an ihr, schauten sie an, versuchten, sie zu beleben und zu zweit wieder aufzurichten, schliefen eng an sie gekuschelt.[92] Elefanten, Schimpansen, mehrere Affenarten oder Tümmler trauern ebenso um ihre Toten. Frans de Waal, bekannter Primatologe und Verhaltensforscher aus den Niederlanden, ist überzeugt, dass viele Tiere tiefe Trauer erleben, dann nämlich, wenn sie zum Verstorbenen eine enge Freundschaft und innige Beziehung hatten. Dann sei auch Trauer möglich – und zwar echte Trauer, nicht bloss ein gestörtes Verhalten eines unerwarteten Ereignisses wegen. Würden wir das akzeptieren, meint er, würden wir Tiere anders betrachten. Als komplexer und uns näher.[93]

»Omnia mutantur, nihil interit«, schreibt Ovid. Die Grenzen zwischen Pflanzen, Tieren und Menschen zerfliessen immer mehr, je mehr wir darüber wissen. Ovids *Metamorphosen* erweisen sich als ein wahrhaft mystisches Erahnen naturwissenschaftlicher Zusammenhänge, die sich erst zweitausend Jahre später haben beweisen lassen.[94]

Pflanzen sind also nicht einfach Bioautomaten, die ihr genetisches Programm abspulen und auf den gleichen Reiz immer gleich reagieren. Das stellt das herkömmliche Pflanzenbild vom Kopf auf die Füsse. Tiere sind schon im letzten Jahrhundert allmählich dieser mechanistischen Falle entronnen, denn wir haben inzwischen erkannt: Tiere sind keine Sachen. Tiere haben eine Würde. Nun setzt sich diese Sichtweise sehr zögerlich auch bei Pflanzen durch. Endlich.

Doch welche konkreten Schlussfolgerungen lassen sich daraus ziehen? Zwei liegen auf der Hand. Zum einen: Betrachten wir Pflanzen als reine Sachen, als passive Objekte, die allein unsere Interessen und Anforderungen zu erfüllen haben, dann brauchen wir uns nicht weiter um sie zu kümmern. Dann ist es absurd, ihnen Respekt zu zollen, unsere Beziehung zu ihnen zu überdenken oder ihnen eine Würde zuzuschreiben. Doch wenn wir Pflanzen als sensitive Lebewesen anschauen, die vielleicht sogar zu subjektiven Wahrnehmungen fähig sind, Lebewesen also, die ein eigenständiges Leben haben, dann müssen wir sie auch respektieren und ihnen eine Würde zusprechen.[95]

Zum anderen eröffnen solche neuen Erkenntnisse auch hoffnungsvolle Aussichten für eine zukünftige Landwirtschaft. Heute werden Pflanzen in industriellen Monokulturen permanent mit Pestiziden traktiert und mit Kunstdünger gedopt. Eine solche Landwirtschaft, die nur auf Gifteinsatz beruht, hat aber keine Zukunft. Sie vergiftet unsere Gewässer und ist schädlich für das Klima. Die weltweite Artenvielfalt sinkt rapide, fruchtbare Böden erodieren.[96,97] Das Beispiel der genmanipulierten indischen Baumwolle im nächsten Kapitel zeigt, wohin diese Entwicklung führen kann.

Dass die industrielle Landwirtschaft an ihre Grenzen stösst, ist auch bei der industriellen Tierproduktion besonders sichtbar. Die Massentierhaltung ist für die Tiere eine grosse Quälerei und verursacht immense Umweltschäden. Wir essen zu viel Fleisch, und von den geschlachteten Tieren landet ein grosser Teil im Abfall. Dürfen wir Tiere überhaupt töten? Wir Autorinnen sind unterschiedlicher Meinung (s. Kapitel X).

Nötig ist ein Richtungswechsel, hin zu einer Landwirtschaft, in der das grosse Potential von Pflanzen und Tieren ausgenutzt wird – so wie beispielsweise die Duftstoffkommunikation unter Pflanzen oder die Netzwerkfähigkeiten aller Lebewesen. Es braucht eine Veränderung hin zu regional angepassten, artenreichen und vernetzten Landwirtschaftssystemen.[98,99,100] Wir besuchten zwei Pionierprojekte, die unterschiedlicher nicht sein könnten: Hansalim in Südkorea ist das weltweit grösste Projekt einer Solidarischen Landwirtschaft, beliefert weit über eine halbe Million Familien mit einheimischen biologischen Lebensmitteln und ist seit seiner Gründung 1986 seiner Vision einer gerechten, sozialen und ökologischen Landwirtschaft treu geblieben. Das andere Projekt ist winzig klein: eine experimentelle Mikrofarm an der französischen Loire. Wo 2013 noch eine Magerwiese war, gedeiht heute eine blühende, vielfältigste – und profitable – Permakultur-Landwirtschaft. Die Bauernhöfe der Zukunft, so sagen deren Betreiber, sind nicht riesig, sondern winzig und innovativ.

Bei beiden Projekten fiel uns auf, dass die Bäuerinnen und Bauern mit Begeisterung von ihrer Arbeit erzählten. Sie seien nicht abhängig von der Nahrungsmittelindustrie und von Agrokonzernen, sie arbeiteten nicht bis zum Umfallen, und sie strebten dank enger Zusammenarbeit mit Konsumentinnen und Konsumenten sowie cleverer Vermarktung ein sicheres und selbstbestimmtes Leben an.

Mein 2000-m²-Weltacker

Teilen wir die Ackerfläche dieser Welt durch die Zahl aller Menschen, ergibt das etwa 2000 m^2 pro Mensch. Darauf muss alles wachsen, was wir verbrauchen: Lebensmittel, Tierfutter, aber auch Baumwolle für Jeans, Agrosprit für Autos oder Palmöl für die Industrie.

Wie gross sind 2000 m^2, und was kann darauf wachsen?

Das zeigen mehrere 2000-m²-Weltäcker, zum Beispiel in Berlin oder in Nuglar bei Basel. Dort haben engagierte Aktivisten und Gärtnerinnen massstabgetreu auf 2000 m^2 die 45 grössten Ackerkulturen der Welt angepflanzt und zeigen, welche Ackerfrüchte zu welchem Zwecke global angebaut werden. Es geht um Boden, um Nährstoff- und Wasserkreisläufe, um natürliche Ressourcen und globale Gerechtigkeit, um gute Landwirtschaft und gutes Essen.

Der Weltacker erzählt viele Geschichten: An Infostationen, auf Schildern und in Videos erfahren Besucher und Besucherinnen, wie westliche Fleischfresser die Urwälder Lateinamerikas aufessen. Über ein Drittel der weltweiten Getreideernte geht mittlerweile in die Fleischproduktion. Besser wäre es, tierische Produkte würden im Wesentlichen nur auf den rund 4400 m^2 Weide produziert, die zusätzlich zu den 2000 m^2 Acker pro Mensch verfügbar sind. Im EU-weiten Durchschnitt importieren wir pro Person gegenwärtig jedoch rund 700 m^2 zusätzliche Ackerfläche. Auf einem Grossteil davon wächst genmanipulierte Soja in Amerika. An Wurzelfenstern lässt sich u.a. erfahren, wie sich Pflanzen wehren können, wie sie vernetzt sind – auch unter dem Boden – und welch grosses Potential brachliegt, wenn Pflanzen einfach nur mit Pestiziden traktiert und mit Mineraldünger gedopt werden. Dabei wäre mehr als genug für alle da: Die globale Landwirtschaft produziert heute schon genug Kalorien, um 12 Milliarden Menschen zu ernähren – aktuell sind wir etwa 7,6 Milliarden. Das Problem ist neben der ungerechten Verteilung auch, dass auf dem Acker Fleisch, Energie und Sprit produziert werden. Und dass mehr als ein Drittel aller Lebensmittel verlorengeht oder im Müll landet.

Jeder Bissen, den wir essen, hat einen speziellen Ort, an dem er gewachsen ist und der dadurch gestaltet wird. Wir sind auch deswegen auf viele Irrwege der modernen Ernährung geraten, weil wir diese einfache Wahrheit kaum noch wahrnehmen können oder verdrängen.[101]

Wo also wächst, was ich esse? Wie viele Quadratmeter Ackerland verbraucht ein Wiener Schnitzel und wie viele ein Gemüseeintopf? Informationen dazu gibt es auf dem 2000-m²-Weltacker.

Die 2000-m²-Weltäcker sind international gut vernetzt. Der Initiator dieser globalen Bewegung, Benny Haerlin von der Zukunftsstiftung Landwirtschaft in Berlin, hat Kooperationen aufgebaut in Deutschland, Frankreich, Schottland, Schweden, der Schweiz, in Luxemburg, der Türkei sowie in Kenia, im Kongo, in Äthiopien, China und Indien. Informationen, Videos und Hintergrundmaterial werden ausgetauscht und in viele Sprachen übersetzt. Es gibt *YouTube*-Kurzfilme und einen TEDx-Talk.

Informationen: www.2000m2.eu und www.2000m2.ch.

IX. GENMANIPULIERTE BAUMWOLLE ODER »BACK TO THE ROOTS«?

Gespräch mit Monika Messmer vom FiBL
und Patrick Hohmann, Pionier im Bio-Baumwollanbau

Vermutlich sind Ihr T-Shirt, Ihre Jeans und Ihre Bettwäsche aus Gentech-Baumwolle hergestellt. Sie sind erstaunt? Indien ist einer der weltweit grössten Exporteure von Baumwolle, und 95 Prozent der indischen Baumwolle sind genmanipuliert. Weil es inzwischen riesige Probleme mit den gentechnisch veränderten Pflanzen gibt, zeichnet sich aber ein Umdenken ab.

Schon seit rund 5000 Jahren pflanzen Indiens Bäuerinnen und Bauern Baumwolle an. Die einheimische Baumwolle Desi, sorgfältig gezüchtet und selektioniert, ist extrem robust und widerstandsfähig, sie braucht weder Dünger noch Pestizide.

In den 1970er Jahren wurde eine amerikanische Baumwollsorte eingeführt und setzte sich schnell im ganzen Land durch. Sie war ertragreicher, produzierte längere Fasern, war leichter zu pflücken und ertrug auch synthetischen Dünger gut. Allerdings war sie auch sehr anfällig für Schädlinge. Die Folge: Von da an wurden flächendeckend Pestizide eingesetzt. Doch die Schädlinge, allen voran der Rote Baumwollkapselwurm, entwickelten Resistenzen gegen die eingesetzten Pestizide. Ein unheilvolles Wettrüsten nahm seinen Anfang.

Ein weiterer grosser Nachteil war, dass diese amerikanische Baumwollsorte eine Hybridzüchtung war. Die indischen Bauernfamilien mussten nun jedes Jahr bei einer Firma neues Saatgut kaufen. Zuvor hatten sie es aus ihrer Ernte gewonnen, untereinander ausgetauscht und weitergezüchtet. Doch die neuen Hybride funktionieren wie ein eingebauter Patentschutz in der Pflanze: Sie machen die Bäuerinnen und Bauern abhängig.

2001 kam die erste genmanipulierte *Bt*-Baumwolle von Monsanto auf den Markt. Jede Zelle dieser Pflanze birgt ein Gen des Bakteriums *Bacillus thuringiensis (Bt).* Es veranlasst die Pflanze, das Toxin dieses Bakteriums zu produzieren – von morgens bis abends, die ganze Saison hindurch. So wird die Pflanze selbst zu einem Insektizid.

Anfangs war der Erfolg gross: Baumwollkapselwürmer, die an den Blättern der *Bt*-Baumwolle frassen, starben. Die Erträge stiegen wieder an, und der Pestizideinsatz reduzierte sich. Doch bald schon begann das Wettrüsten von vorn: Die Kapselwürmer wurden resistent gegen das von der Pflanze produzierte Gift. Und wo sie noch nicht resistent waren, tauchten neue Schädlinge auf und nahmen den Platz der Kapselwürmer ein: etwa der Heerwurm, die Baumwollblattraupe, saftsaugende Insekten wie die Baumwollzwergzikade, die Weisse Fliege oder das Blattrollvirus. Der Einsatz von Pestiziden stieg wieder massiv an. Trotz mehr Gift- und Kunstdüngereinsätzen stagnierten die Erträge, waren in vielen Gebieten gar rückläufig.

2006 führte Monsanto in Indien eine neue genmanipulierte Baumwoll-Hybridsorte ein – dieses Mal eine Pflanze mit zwei verschiedenen Giftgenen. In einer grossangelegten und aggressiven Propagandakampagne pries der Agrokonzern die neue Gentech-Sorte als für den Kapselwurm unüberwindbar an: Gegen zwei verschiedene Gifte komme dieser nie an. Die neue Pflanze breitete sich flächendeckend in ganz Indien aus. Heute sind über 95 Prozent aller indischen Baumwollfelder mit dieser Gentech-Baumwolle bepflanzt.

Rasch traten aber wieder die bekannten Probleme auf: Vielerorts schaffte es der Baumwollblattkäfer schon nach kurzer Zeit, Resistenzen gegen beide Giftgene aufzubauen. Neue resistente Schädlinge – Viren, Insekten und auch Käfer – tauchten auf, Missernten nahmen zu, der Pestizideinsatz stieg steil an.[102]

Keshav Raj Kranthi, der ehemalige Direktor des öffentlichen Central Institute for Cotton Research[103] in Nagpur, war bis vor kurzem einer der wichtigsten Entscheidungsträger in der indischen Baumwollpolitik. Kranthi, auch »Mister Baumwolle Indiens« genannt, befürwortet Gentechnik und technischen Fortschritt – er ist ein Forscher mit Leib und Seele. Nun musste er ernüchtert feststellen, dass die indische Baumwollernte der vergangenen Jahre sehr schlecht war. Im Norden des Landes fuhren alle – und zwar buchstäblich alle – genmanipulierten Baumwollhybriden schwere Verluste ein. Der resistente Kapselwurm verbreitete sich explosionsartig. Seit 2016 sei er kaum mehr bekämpfbar.[104] Im Pandschab und in anderen Regionen wütete die Weisse Fliege, die inzwischen gegen beinahe alle Insektizide resistent sei, schreibt Kranthi.[105] Je mehr Gifte die Bäuerinnen und Bauern dagegen spritzten, desto öfter und verheerender trete sie auf. Wahrscheinlich, vermutet Kranthi, würden durch die Giftduschen vor allem die natürlichen Feinde der Weissen Fliege vernichtet, während sie selbst sich auf der Blattunterseite verstecken könne und durch einen Wachspanzer geschützt sei. Heute würden viel zu viele Baumwollvarietäten mit den zwei Giftgenen angebaut, kritisiert Kranthi. Stets blühe irgendeine Sorte – das mache es den Insekten leicht, Resistenzen zu entwickeln. Zudem würden zu viele Insektizide verwendet. Der exzessive Gebrauch von Neonicotinoiden sei besonders schlimm. Diese Insektizide töten und schädigen Bienen und andere nützliche Insekten.

Die Tragödie wiederholte sich immer wieder: Inzwischen haben sich Kosten für Saatgut, Insektizide und synthetischen Dünger verdreifacht, die Erträge nahmen ab. »Das Agrobusiness und die Saatgutindustrie machen Heu, solange die Sonne scheint. Danach verbrennen sie das Heu sofort zu Asche«, schreibt Kranthi. Jeder neue Resistenzdurchbruch sei für die Agrochemie ein neuer Blankoscheck – ein Grund, noch giftigere Pestizide auf den Markt zu bringen, Pestizide, die in Europa längst verboten sind. So wurden im Jahr 2012 mehr Insektizide eingesetzt als 2002, obwohl doch die Gentech-Baumwolle genau dies hätte verhindern sollen.

Es ist dieser toxische Mix aus gänzlicher Abhängigkeit von Agrofirmen, dem Zwang zu immer mehr Pestiziden und Kunstdünger, aus zunehmendem Schuldendruck, abnehmenden Erträgen und der Unberechenbarkeit der Monsunregen, der viele Kleinbauern in den Ruin treibt.

Der einzige Ausweg aus diesem Teufelskreis liegt für Kranthi in den Ursprüngen des indischen Baumwollan-

Amerikanische Hybridbaumwolle
(Gossypium hirsutum)

Einheimische Desi-Baumwolle
(Gossypium arboreum)

baus – »back to the roots«, zurück zu den Wurzeln: »Indiens Zukunft liegt in der einheimischen Desi-Baumwolle *(Gossypium arboreum).* Sie ist resistent gegen Dürre, Klimaextreme, saugende Insekten und andere Krankheiten. Sie kann ohne synthetischen Dünger und ohne Pestizide wachsen. (...) Wir haben jetzt Desi-Sorten mit langen, mittleren und kurzen Stapelfasern gezüchtet«, schreibt Kranthi.[106] Forschung sei weiterhin dringend notwendig, um die Qualität der Desi-Baumwolle zu verbessern. »Auf lange Sicht werden langfasrige Desi-Sorten die *Bt*-Sorten überholen. Es wird ein Wechsel in Richtung Nachhaltigkeit sein.«[107] Zudem können die Bauern Saatgut aus der Ernte aufbewahren und wiederverwenden – das einheimische Saatgut ist weder hybrid noch patentiert.

Auch Anbaumethoden spielten eine Rolle, bemerkt der Experte. Kichererbsen, Linsen oder andere Hülsenfrüchtler (Leguminosen), die abwechselnd oder zusammen mit Baumwolle angebaut werden, können die Erträge markant steigern, weil sie fähig sind, Luftstickstoff im Boden zu binden.[108] Mulchen oder Gründüngung verbessert die Bodenfruchtbarkeit zusätzlich. Das zeigen Erfahrungen aus anderen Ländern, wie Mali, Côte d'Ivoire oder der Türkei. Sie alle bauen ebenfalls Baumwolle an und haben viel höhere durchschnittliche Hektarerträge als Indien – ohne Hybriden und fast ohne Gentechnik.[109, 110]

So wie Kranthi denken aber längst nicht alle. Monsanto und die grossen Saatgutfirmen, die den Markt dominieren, fahren nach wie vor eine aggressive Gentech-Strategie. Sie setzen ihre Hoffnungen auf eine neue Generation von Gentech-Baumwolle, die drei (statt wie bisher zwei) Giftgene enthalten und zusätzlich gegen Unkrautvertilger resistent sein soll. Eine Sackgasse – davon sind Kranthi und seine wachsende Gefolgschaft überzeugt.

So gibt es viele Anzeichen eines Umdenkens. Die Nachfrage nach gentechfreiem und biologischem Saatgut steigt beispielsweise steil an. Monika Messmer vom Forschungsinstitut für biologischen Landbau FiBL in Frick meint: »Vor sechs Jahren wurden wir wegen unseres Einsatzes für gentechfreies Biosaatgut als Ewiggestrige ausgelacht. Das ist heute anders.«

*

2011 gab es in Indien kaum noch Baumwollsaatgut, das nicht gentechnisch kontaminiert und dazu von guter Qualität war. Die Not war gross. Die indischen Biobauernorganisationen baten Monika Messmer um Hilfe. Zusammen mit lokalen Partnern, Bauernorganisationen und mit dem Züchter Shreekant S. Patil, Professor an der Universität für Agrarwissenschaften in Dharwad, starteten sie ein Züchtungsprogramm für Bio-Baumwollsaatgut. Mit Erfolg: Heute gibt es in Indien wieder robustes, ertragreiches und gentechfreies Biosaatgut. Es gibt auch Saatgut der einheimischen Desi-Sorte, das gleich ertragreich ist wie das amerikanische Hybridsaatgut. Zudem gibt es Desi-Sorten mit gleich langen Fasern und einer guten Resistenz gegen Schädlinge und Trockenheit.

Monika Messmer, wie startet man ein solches Projekt?
Die Bäuerinnen und Bauern waren von Anfang an wichtige Partner. In vielen Workshops lernten wir von ihren Erfahrungen, sie hingegen lernten wieder, selbst zu züchten. Das klingt einfach, bedeutet aber einen Riesenwandel. Sie kannten das nicht mehr und waren komplett abhängig von den jeweiligen Saatgutfirmen. Pro Jahr wählten wir um die fünfzig gentechfreie Biobaumwollsorten, die wir auf insgesamt vier Flächen anpflanzten – zwei im Bundesstaat Odisha und zwei in Madhya Pradesh. Darunter amerikanische Hybriden und die einheimische Desi-Sorte. Wir luden alle Bauern und Bäuerinnen der Region ein, diese 50 Sorten zu evaluieren. Die Frauen erhielten ein orangenes Band, die Männer ein blaues. Bei jeder Sorte stand ein Stock mit einem Schild, die Frauen und Männer wurden eingeladen,

ihr Band an den Stock ihrer Lieblingssorte zu knüpfen und anschliessend ihre Wahl zu begründen.

Warum erhielten Frauen andere Bänder als Männer?

Weil Frauen meistens anders entscheiden als Männer. Ihnen fällt die Pflückarbeit zu, daher war es ihnen wichtig, dass sich die Baumwolle leicht abnehmen lässt. Die Männer schauten eher auf die Grösse der Baumwollkapseln.

Monika Messmer

Wie schnitt die einheimische Desi-Baumwollsorte ab?

Ganz unterschiedlich. Einige waren begeistert, andere gar nicht. Da spielt die Gewohnheit eine Rolle. Desi sieht anders aus als die inzwischen übliche Hybridpflanze. Sie hat eingeschnittene Blätter und eine dickere Blatthaut. Die Blätter sind meist behaart, was blattsaugenden Insekten nicht so gut gefällt – ein grosser Vorteil. Desi hält auch Trockenheit besser aus als die Hybridsorten. Doch das Pflücken ist etwas aufwendiger.

Wie geht's weiter?

2017 starteten wir die zweite Phase des Green-Cotton-Projekts, um Züchtung und Anbau von Biobaumwolle auszuweiten. Das Projekt ist eine grosse Koalition der Bäuerinnen und Bauern und ihrer Kooperativen mit zwei Universitäten, mit Baumwollverarbeitungsfirmen und Prüfinstitutionen.[111] Am meisten beeindruckt hat mich, dass in den vielen Workshops immer mehr Bäuerinnen aufstehen, um etwas zu sagen. Sie trauen sich inzwischen viel zu, diskutieren miteinander, eignen sich Wissen an. Sie sind hoch motiviert, diese Züchtungsversuche weiterzuführen. Wir sind dem Ziel, dass die Bäuerinnen und Bauern wieder Kontrolle über ihr Saatgut erlangen, ein grosses Stück näher gekommen.

*

Patrick Hohmann ist Gründer der Remei AG und Pionier im Bio-Baumwollanbau. Die Remei AG in Rotkreuz spezialisiert sich auf Biobaumwolle, vom Saatgut bis hin zum T-Shirt im Supermarktregal.

Patrick Hohmann, rund 3700 Bauern und Bäuerinnen in Indien pflanzen für Ihre Firma Biobaumwolle an. Können Sie wirklich garantieren, dass diese gentechfrei ist?
In den Jahren 2007 und 2008 hatten wir enorme Probleme damit. Wir hatten zwar gentechfreies und biologisches Saatgut bestellt, aber zur Sicherheit überprüften wir die Samen selbst. Das Resultat: Über 80 Prozent des Saatguts war genmanipuliert, und wir mussten die Bestellung retournieren. Der Anbau von Biobaumwolle ging wegen dieser Kontaminationen mit Gentech-Saatgut zeitweilig zurück.
Und heute?
Wir haben ein Netz von besonders vertrauenswürdigen Lieferanten. Trotzdem mussten wir 2017 in Indien unsere ganze biologische Ernte im konventionellen Markt verkaufen. Die Samen, die wir erhielten, waren alle mit zwei bis

Patrick Hohmann

drei Prozent Gentech-Baumwolle kontaminiert. Das ging nicht! Wir sind jetzt allein auf unsere eigenen Samen angewiesen, die wir selbst produzieren.[112]

Wo können wir in der Schweiz Biobaumwolle kaufen?

Bei »Naturaline« von Coop sind alle Bio-Baumwollstoffe von der Remei AG. Auch die Bio-T-Shirts bei Mammut sind von uns oder jene von Maloja und Grüne Erde. Inzwischen gibt es auch Biokleider von uns in den Galeries Lafayette, bei Gerry Weber und anderen.

Keine Patente auf Baumwolle – keine Patente auf Leben!
Monsanto und ihre Tochterfirmen halten die Patente auf Indiens genmanipulierte Baumwollarten. 2018 wollte der Konzern der Nuziveedu Seeds Ltd. verbieten, weiterhin Gentech-Saatgut zu verkaufen, weil die Firma die Lizenzgebühren nicht bezahlt hatte. Doch im Mai 2018 entschied das Oberste Gericht Indiens in einem aufsehenerregenden Prozess, dass Monsantos Baumwoll-Patente gemäss indischer Rechtslage gar nicht gültig sind. Indiens *Patents Act* von 1970 verbietet die Patentierung von Pflanzensorten und Saatgut, was aber Monsanto bisher nicht davon abhielt, von allen Firmen hohe Lizenzgebühren zu verlangen. Damit scheint Schluss zu sein. Indiens Patentgesetzgebung ist einzigartig in der Welt. Monsanto droht, sich ganz aus Indien zurückzuziehen.
Worum geht es? Patente wurden ursprünglich zum Schutz von Erfindungen von Industriegütern und Chemikalien entwickelt. Bis in die 1980er Jahre dachte niemand auch nur im Traum daran, Lebewesen oder Gene zu patentieren. Doch mit dem Aufkommen der Molekularbiologie und Gentechnologie nahm der Druck der Agro- und Life-Sciences-Industrie auf die Patentgesetzgebung zu. Fortan sollten Lebewesen in »patentierbare Erfindungen« umgedeutet werden. Zuerst waren es nur genmanipulierte Lebewesen, inzwischen werden auch mehr und mehr konventionell gezüchtete Pflanzen patentiert. Gegen die Patentierung von Lebewesen gab es von Beginn an heftigen Widerstand und viele Einsprachen bei den Patentämtern.
Um ein Patent auf einen Gegenstand zu erhalten, müssen drei Grundvorsetzungen erfüllt sein: 1. Es muss eine »Erfindung« sein. Eine blosse »Entdeckung« ist nicht patentierbar. – 2. Der Gegenstand muss in der Patentschrift vollständig beschrieben sein. – 3. Eine Fachperson muss ihn nachbauen können.
Doch ist nicht gerade dies der grossartige Unterschied zwischen einem Lebewesen und einer Maschine, dass Lebewesen NICHT erfunden, NICHT beschrieben, NICHT nachgebaut werden können? Das ist es ja gerade, was ein Lebewesen ausmacht: Es ist keine Sache, kein Gegenstand. Lebewesen sollen niemals patentiert werden können. Doch mit der juristischen Brechstange und

Tricks werden immer mehr Lebewesen in patentierbare »Erfindungen« umgedeutet.
Ein Patent gewährt dem Inhaber die exklusive Kontrolle über den Gegenstand seiner »Erfindung«. Er kann andere von deren Nutzung ausschliessen oder dafür Lizenzgebühren oder Kreuzlizenzen verlangen. Sobald eine genmanipulierte Pflanze patentiert ist, sind es auch alle nachfolgenden Generationen – bis das Patent ausläuft. Bauernfamilien dürfen aus der Ernte kein Saatgut für die nächste Saison gewinnen; sie müssen es jedes Jahr neu beim Patentinhaber kaufen. Eine jahrhundertealte Tradition wird zum illegalen Akt, und die Bauern werden von der Industrie abhängig. Das ist vor allem in Ländern des Südens problematisch. Forscher dürfen nur mit Erlaubnis und gegen Lizenzgebühren mit patentierten Genen forschen. Züchterinnen ist es verboten, patentierte Pflanzen für die Weiterzucht zu verwenden. Das ist fatal: Die Züchtung neuer Sorten beruht ja gerade darauf, dass genetische Ressourcen frei ausgetauscht werden können, dass Pflanzen oder Tiere mit verschiedenen Eigenschaften miteinander gekreuzt, selektioniert und gezüchtet werden. Der freie Austausch von genetischen Ressourcen ist das Grundprinzip jeder Züchtung. So züchten Bauernfamilien in Indien oder den Philippinen (s. Seiten 135f.), aber auch Züchter und Forscherinnen in modernen Labors. Zur Züchtung einer neuen Apfelsorte suchen Experten beispielsweise nach resistenten einheimischen Apfelsorten in Zentral- und Westasien (Herkunftsgebiet des Apfels) und aus anderen Saatgutbanken und Institutionen Apfelsorten, die resistent gegen Schädlinge sind, Dürreperioden gut ertragen oder dem Klimawandel standhalten. Sie kreuzen diese ein, selektionieren, züchten weiter. Bringt nun zum Beispiel die schweizerische Forschungsanstalt Agroscope eine neue Apfelsorte auf den Markt – nach zwanzigjähriger, extrem aufwendiger Züchtung, nach dem Einkreuzen von zahlreichen Apfelsorten aus dem In- und Ausland – und befindet sich in dieser Sorte (vielleicht zufällig) ein patentiertes Gen der Firma Syngenta, dann wird die Apfelsorte zum patentierten Eigentum von Syngenta respektive der Firma ChemChina, die Syngenta übernommen hat.

Die Privatisierung der genetischen Ressourcen durch Patente hat mit dazu beigetragen, dass sich der Saatgutmarkt in den letzten Jahrzehnten auf ein paar wenige Akteure konzentrierte. Heute kontrollieren vier Agrarriesen den Markt. Bayer-Monsanto allein beherrscht fast ein Drittel des konventionellen Saatgutmarkts, die grossen drei zusammen (Bayer-Monsanto, Syngenta-ChemChina, DowDuPont) kontrollieren 61 Prozent. Bei Pestiziden sind es gar 71 Prozent. Diese Giganten werden in der Zukunft immer mehr entscheiden können, welche Pflanzen gezüchtet, angepflanzt und geerntet werden und auch wie viel das Saatgut kostet und wie unsere Lebensmittel produziert werden.
Die Züchtungsgrundlagen der weltweiten Lebensmittelsicherheit geraten mit diesen Schutz- und Monopolansprüchen mehr und mehr in die Hände einiger weniger Agrogiganten – eine gefährliche Situation. Indiens Gerichtsentscheid ist ein Signal der Hoffnung.

Philippinen: Bauern werden zu Forschern

MASIPAG ist ein Netzwerk von Bauernorganisationen und Wissenschaftlern auf den Philippinen, eines der weltweit grössten und erfolgreichsten dieser Art. Ihr Ziel ist, lokal angepasste Reissorten zu erhalten und zu züchten. Ebenso wichtig ist, den Bauern und Bäuerinnen wieder ein selbstbestimmtes Leben zu ermöglichen und sie aus der Schulden- und Armutsfalle zu befreien.
Das Vorgehen zur Züchtung neuer Reissorten ist immer gleich: Wenn ein Dorf mitmachen möchte, muss die Dorfgemeinschaft erst ein Feld für die »Versuchsfarm« zur Verfügung stellen (und das ist keine einfache Sache!). Darauf pflanzen sie zusammen mit MASIPAG-Züchtungstrainern mindestens fünfzig verschiedene Reissorten an. Sind es weniger, ist es keine Versuchsfarm. Die Dorfgemeinschaft pflegt die fünfzig Sorten, beobachtet deren Wachstum, evaluiert sie und wählt nach jeder Saison die besten aus. Beste Sorte heisst: Sie ist robust, resistent, und die Leute schätzen ihren Geschmack und ihre Farbe. Züchtung und Anbau erfolgen biologisch, ganz ohne Pestizide, Agrochemie und natürlich ohne Gentechnik. Die

Bäuerinnen und Bauern lernen auch, ihre Sorten zu kreuzen und zu selektionieren. So entsteht eine grosse Expertise. Und ein soziales Netz. Ein Bauer drückte das so aus: »Sogar wenn man biologisch und mit MASIPAG-Saatgut wirtschaftet, ist man kein MASIPAG-Bauer, wenn man sich nicht um die anderen Bauernfamilien und um die Gemeinschaft kümmert.«
Inzwischen haben sich rund 60 Bauernorganisationen MASIPAG angeschlossen, etwa 30000 Bauern und Bäuerinnen; jedes Jahr werden es mehr. Sie werden von über 200 Züchtungstrainern unterstützt. Dazu kommen 70 Züchterinnen und 15 Agrarwissenschaftler. In ihren Saatgutbanken bewahrt und pflegt MASIPAG inzwischen über 2000 Reissorten. MASIPAG züchtet auch andere Kulturen wie Mais oder Gemüse.

X. DÜRFEN WIR TIERE TÖTEN?

Florianne Koechlin argumentiert dafür, Denise Battaglia dagegen

Wir alle wissen: Die industrielle Fleischproduktion ist schlecht für das Tier, schlecht für die Umwelt und schlecht fürs Klima.

Das Schwein zum Beispiel ist ein von Natur aus extrem neugieriges, intelligentes Tier voller Bewegungsdrang. Doch wer das Pech hat, als Mastschwein in einem konventionellen Industriemaststall in Deutschland aufzuwachsen, muss sein ganzes Leben auf einer Fläche von 0,75 m^2 verbringen.[113] 0,75 m^2 für ein bei Schlachtreife über 100 Kilogramm schweres und über anderthalb Meter langes Tier! Das Schwein lebt auf einem Betonboden ohne Einstreu immer im Stall, ohne Bewegungsmöglichkeit. Es legt ein Kilo Körpergewicht pro Tag zu, als Futter erhält es hauptsächlich Sojaextraktionsschrot, meist aus Argentinien oder Brasilien. Bei einem Schlachtgewicht von 110 bis 125 Kilo wird es nach rund sechs Monaten in Riesenlastwagen in einen Industrieschlachthof transportiert und hinter dicken Mauern getötet, was mit viel Stress und Angst verbunden ist.

An diesem Beispiel zeigt sich bereits die ganze Problematik der heutigen Massentierhaltung: die unsägliche Tierquälerei, das Problem, dass für unseren Fleischbedarf ganze Urwälder abgeholzt werden, um auf dieser Fläche – meist genmanipulierte – Soja für Tierfutter zu pflanzen, sowie das Problem, dass in solchen Schweinefabriken zu viel Gülle anfällt, die unser Grundwasser und unsere Seen belastet.[114]

Wir essen zu viel Fleisch, auch das ist bekannt. Eine tierfreundliche und ökologische Tierhaltung kann nur funktionieren, wenn der Fleischkonsum vor allem in Industrieländern drastisch reduziert wird. Darüber sind wir Autorinnen uns einig.

Nicht einig sind wir uns in der Frage, ob man Tiere überhaupt töten darf. Ist es ethisch vertretbar, Tiere zu töten? Wenn wir diese Frage verneinen: Wollen wir eine Landwirtschaft ohne Nutztiere? Wenn wir diese Frage bejahen: Wie gehen wir mit der Verantwortung für die Tiere und für das Töten um?

Unsere Tiere: Das Leben gehört anständig beendet

Florianne Koechlin

Nicht weit von meinem Zuhause grast eine Herde Engadinerschafe. Jeden Frühling tollen auf der Weide ein Dutzend übermütiger Lämmer herum, springen mit allen vieren gleichzeitig in die Luft,[115] und die Mütter passen auf sie auf, blöken laut, lassen die Kleinen saugen – ein herzerwärmender Anblick. Doch jeden Sommer muss die Züchterin Anet Spengler Neff zwei oder drei Böcklein schlachten. Ich fragte sie, wie sie es über sich bringe, sie gewinne diese ja sicher auch lieb. Natürlich, sagte sie, doch ihr bleibe keine Wahl. »Jeden Frühling kommen junge Schafe nach. Ich muss dafür sorgen, dass die Herde als Gemeinschaft in Balance ist. Ich muss zur Herde als Ganzes Sorge tragen, damit jedes Tier ein intensives und artgerechtes Leben führen kann.« Dazu gehörten die Paarung, Junge aufziehen, spielen, herumtollen, Rangordnungen aushandeln, Freundinnen haben, auch Vertrauen zu ihr aufbauen – und dazu gehöre auch der Tod. »Denn wenn wir die Tiere in unsere Obhut nehmen, dann müssen wir auch für den Tod die Verantwortung übernehmen. Die Tötungsfrage ist von der Haltungsfrage nicht zu trennen.« Die jungen Böcklein würden sich gegenseitig umbringen, wenn sie nicht vorher eingreife und einige von ihnen schlachte. Und sie fährt fort: »Bevor ich ein Schaf schlachten lasse, rede ich mit ihm, erzähle ihm genau, was geschehen wird: dass ich es zum Metzger bringen werde und dass er es töten werde, weil wieder neue Tiere nachkommen werden. Ja, und ich danke ihm auch. Das Schaf mag mich verstehen oder auch nicht – meine langjährige

Erfahrung ist, dass das Schaf sich dann ohne Probleme verladen lässt und mich ruhig zum Metzger begleitet.«

Ich selber habe noch kein grösseres Tier getötet, doch ich befragte einige Bekannte – Bauern, Tierärztinnen, Hühnerhalter –, die Tiere in den Tod geführt hatten. Ausnahmslos alle erzählten von ähnlichen Erfahrungen wie Anet Spengler Neff (s. Seiten 238–240[116]).

Kürzlich sah ich den Film *The End of Meat – Eine Welt ohne Fleisch.* Darin kommt das von zwei sympathischen Jungs gehaltene Riesenschwein Esther vor. Es rennt in deren kleiner Wohnung umher, nascht vom Küchentisch, suhlt sich auf dem Sofa. Später im Film wird es auf einem schönen Hof spazieren geführt. Doch fehlt in Esthers Leben nicht eine ganz wesentliche Instanz: ein Eber? Dann hätte Esther bald fünf oder zehn niedliche Frischlinge, die sich später auch fortpflanzen würden. Oder sollten sie und ihre Genossinnen kastriert, sterilisiert oder, wie ein Veganer allen Ernstes meinte, mit empfängnisverhütenden Hormonen gefüttert werden? Für mich eine absurde Vorstellung, Tieren diese zentrale Lebenserfahrung wegzunehmen, nur um sie nicht töten zu müssen.

Natürlich: Töten bleibt tragisch. Viele Tiere stehen vor dem Schlachten Todesängste aus, sind gestresst, wehren sich verzweifelt. Dem müssen wir mehr Gewicht geben, mehr Raum, mehr Würde auch. Nicht einfach wegschauen aus Feigheit, weil das nicht so schön ist, und das Drama hinter den Mauern von Schlachthöfen verstecken.[117] Vor Jahren beobachtete ich in einem verkehrsreichen Quartier mitten in Neu-Delhi eine Herde heiliger Kühe, die nicht geschlachtet werden dürfen. Sie waren bis auf die Knochen abgemagert und räudig. Eine hatte ein abgebrochenes Horn. Sie wühlten in Abfallhaufen herum, frassen Karton. Wahrlich kein schöner Anblick. Und würdelos.

Doch geht das überhaupt, ein humanes Töten? Anet Spengler Neff hat neu begonnen, Lämmer in ihrem Stall selber mit einem Bolzenschuss zu töten. Das ist bisher nur für den Eigenbedarf erlaubt. Es gibt auch erste Versuche mit dem »Kugelschuss auf der Weide«. Das Tier wird auf der Weide geschossen, es geht zu Boden, der Rest der Herde grast seelenruhig weiter. Das Tier bleibt in seiner gewohnten Umgebung. Stressige Transporte, angstbeladene Situationen im Schlachthaus fallen weg. Das Tier scheint nicht zu leiden. Doch es stimmt: Man weiss es nicht.

Tiere sind anders als Menschen. Tiere werten nicht, beurteilen nicht, sie leben und fühlen ganz im Hier und Jetzt. Der Schimpanse Santino, der die Besucher mit Steinen bewirft, hat zwar eine Vorstellung von morgen, und viele Tiere trauern um ihre Toten, mit denen sie eine innige Beziehung verband (s. Kapitel VIII). Fortlaufend zeigt sich, dass wir die Fähigkeiten von Tieren unterschätzen. Trotzdem: Dass Tiere eine Vorstellung von ihrem eigenen Tod, Angst vor den Schmerzen am Lebensende oder Angst um ihre Kinder haben, wenn diese nicht mehr bei ihnen sind, ist unwahrscheinlich. Sie kennen diese Art von Todesangst nicht, die für uns Menschen eine zentrale Konstante unseres Lebens ist. Ihr Empfinden ist uns Menschen fremd, doch wir sollten die uns prägende Todesangst nicht einfach auf Tiere übertragen.

Der Tierforscher Florian Leiber sagt: »Nach menschlichen Massstäben stirbt kaum je ein Tier zum richtigen

Zeitpunkt: aus Altersschwäche, nach Ablaufen der biologischen Uhr. Die allermeisten Tiere sterben früher, weil sie sich nicht durchsetzen können, weil sie erfrieren, verhungern, abstürzen, gefressen werden. Leben und Tod sind bei Tieren immer ganz nahe beisammen. In unserem Massstab ist ein zeitlich viel zu früher Tod grausam. Doch ist der Massstab bei Tieren der gleiche?« Wir würden Tiere vermenschlichen, wenn wir die Tötungsfrage aus diesem vielfältigsten Geflecht eines Tierlebens herausnähmen und verabsolutierten.[118]

Die Frage, ob Tiere getötet werden dürfen oder nicht, hat weitreichende Konsequenzen. Wir leben seit 9000 Jahren mit Weidetieren zusammen, sie sind Teil unserer Kultur. Unsere Lebensmittelsicherheit, die Bodenfruchtbarkeit, unsere Umwelt und der Artenreichtum hängen existentiell von der Weidetierhaltung ab:

Unsere Lebensmittelsicherheit: Wir Menschen können kein Gras essen, wir können es nicht verdauen. Doch rund *zwei Drittel* der weltweiten – und auch der schweizerischen – Landwirtschaftsfläche sind permanentes Grasland, das man nicht pflügen kann, weil es zu steil oder klimatisch nicht geeignet ist. Niemand ausser Kühen, Schafen oder Ziegen kann Gras in wertvolle Proteine, also in Milch, Käse oder Fleisch, umwandeln. Wir brauchen die Wiederkäuer, um Gras effizient zu verwerten. Es gibt auch viele Gegenden in der Welt, etwa die mongolischen Steppen oder unsere hochalpinen Weiden, wo nichts anderes wächst als Gras. Es gibt dort keine Alternative zum Hirtentum.

Unsere Böden: Die weltweit fruchtbarsten Böden – die Kornkammern in der Ukraine oder der Magdeburger

Börde – sind allesamt ehemalige Steppenböden, die über Jahrtausende von grossen Tierherden beweidet wurden. Erst die Tiere bildeten die Grundlage für den Aufbau humusreicher Böden. Das Gras benötigt das Gefressenwerden durch Weidetiere wie auch ihren Kot und ihren Tritt. Der Kot von Wiederkäuern ist faserig, speichert Wasser und bietet mit seiner grossen Oberfläche Milliarden von Kleinstlebewesen einen Lebensraum – er bildet die Voraussetzung dafür, dass sich ein fruchtbarer Humus bilden kann.[119, 120, 121] Kunstdünger hingegen versickert sofort im Boden und trägt zur Bodenerosion bei. In den letzten Jahrzehnten ging weltweit ein Drittel der fruchtbaren Böden durch Erosion und Auswaschung verloren. Ein Drittel![122] Doch der Boden ist DAS Kapital der Menschheit. Boden kann man nur einmal verlieren.

Unsere Umwelt und der Artenreichtum: Weidetiere halten die Landschaft offen und erhöhen die Vielfalt an Pflanzen, Insekten und anderen Lebewesen, wie die Schweizer Bergregionen exemplarisch zeigen. Dort, wo Weidetiere seit Jahrhunderten grasen, auf der Alp Weissenstein zum Beispiel (s. Kapitel V), gedeiht eine üppige Vielfalt an Alpenkräutern und Blumen. Dort, wo die Alpweiden nicht mehr von Weidetieren bestossen werden, vergandet das Land sehr schnell. Büsche, allen voran Erlen, breiten sich aus.[123] Die Artenvielfalt nimmt dramatisch ab; an steilen Hängen steigt auch die Lawinengefahr.

Wir brauchen Weidetiere, um Gras in wertvolle Lebensmittel zu verwandeln, um Humus und fruchtbaren Boden aufzubauen und um die Landschaft offen zu halten. Falls wir aber Tiere nicht töten dürfen, wäre das der Todesstoss für die Viehwirtschaft. Den Bauern kann nicht zugemutet werden, ein paar (kastrierte) Kühe wie in einem Zoo zu halten und zu pflegen, bis sie eines natürlichen Todes sterben. Das kann sich kein Bauer, keine Bäuerin leisten.

Die Alternative zu einer Landwirtschaft ohne Nutztiere ist nicht die heutige Massentierhaltung. Sondern eine Landwirtschaft, die Tiere mit einbezieht, die ihnen ein erfahrungsreiches Leben ermöglicht, und dazu gehört der Tod. Wir müssen neue Wege finden, tiergerecht zu töten. Die Alternative ist also eine Landwirtschaft, in der Weidetiere ein gutes Leben haben, mit Gras und Heu und allenfalls auf dem Betrieb produziertem Futter ernährt werden. So ergeben sie einen perfekten Kreislauf: Sie fressen Gras und Heu – wir selber können das nicht. Sie machen daraus Milch und Fleisch und düngen mit ihrem Dung die Weide, die sie ernährt.[124] Die Kunst der Zukunft wird es sein, in solchen Kreisläufen oder Netzwerken zu denken. Mich stört, dass wir uns bei der Diskussion um das Töten von Tieren aus diesen vielfältigsten Beziehungsgeflechten herausnehmen und das Ganze auf eine einzige Frage einengen. Wir müssen endlich aufhören, alles isoliert zu betrachten. Das gilt auch für das Töten.

Ich bin mit Bläss, einem Sennenhund, aufgewachsen. Als Kind besuchte ich in den Ferien in den Bergen jeden Abend unseren Nachbarsbauern, um die Milch zu holen, und blieb oft lange Zeit bei den Kühen. Das hat mich tief geprägt. Und wenn man Anet Spengler Neff mit und in ihrer Herde beobachtet, sieht man bald, wie sehr sie Teil dieser Herde, wie gross das gegenseitige Vertrauen ist. Das ist keine Einbahnstrasse, da schwingt viel Resonanz mit. Und sie betont, wie viel sie immer wieder von ihren Tieren lerne.

Lachende und geniessende Schweine

Denise Battaglia

Manche Fragen sind schwer zu beantworten, gerade wenn sie an Selbstverständlichkeiten rütteln. Um solche Fragen machen wir gern einen Bogen. Zu diesen Fragen gehört jene, ob man Tiere töten darf.

Tiere stellen wir oft als das schlechthin »Andere« dar. Das Andere ist das Fremde. Fremd sind uns Tiere, die wir töten lassen und verspeisen. Von diesen Tieren wissen wir nichts, nicht einmal ob sie einen Namen hatten. Vermutlich hatten sie keinen. »Wir geben den Schweinen keine Namen, nur Nummern, denn es sind Nutztiere«, erklärte ein Landwirt gegenüber der *Frankfurter Allgemeinen Zeitung.*[125] Mit Nummern versehen wir Objekte, sie dienen der Übersicht. Haustieren geben wir Namen. Namen machen Tiere einzigartig. Das *Haustier* wohnt im Gegensatz zum *Nutztier* in den gleichen Räumen wie der Mensch. Wir fühlen uns einem Hund oder einer Katze verbunden, deshalb dürfen sie mit uns leben. Oder fühlen wir uns mit ihnen verbunden, *weil* sie mit uns leben? Jedenfalls: Haustiere verspeisen wir nicht, wir betrachten sie als eine Art Freunde.

Verbundenheit kann entstehen, wenn man sich auf das Andere einzulassen beginnt. Der erste Augen-Blick scheint Magisches zu bewirken. Bei einem Abendessen bei Freunden erzählte Martin, wie sich plötzlich die Grenze zwischen ihm und einem Schwein aufgelöst hatte: Nach einer Wanderung auf einer Alp angekommen, rannte ein Hausschwein »mit Karacho« direkt auf ihn zu. »Mir wurde mulmig, doch zwei Meter vor mir machte es eine

Vollbremsung. Wir blickten einander in die Augen. Dann rannte es im Zickzack weg, drehte sich nach ein paar Metern um und rannte erneut mit Anlauf auf mich zu.« Das Schwein wollte den Wanderer nicht attackieren, es wollte vermutlich mit ihm spielen – wie ein Hund kam es Martin vor. »Ich hatte das Gefühl, das Schwein lache.« Die Älpler liessen das Schwein frei laufen, Wohnraum und Stall waren unter demselben Dach. Bei dieser Begegnung habe sich die Grenze zwischen ihm und dem Schwein »in Sympathie aufgelöst«, sagte er. »Hund und Katze essen wir nicht. Ich fragte mich: Warum essen wir eigentlich Schweine?« Martin isst seither kein Fleisch mehr. »Mir wurde da klar, dass ich es bin, der das Tier zum Objekt degradiert. Dieses Schwein aber war ein Subjekt: Es fühlte, es freute sich und wollte spielen.«

Simone berichtete dann von einem ähnlichen Erlebnis. Die Jägerstochter und einst leidenschaftliche Fleischesserin begegnete auf Korsika einer Herde freilebender gefleckter Schweine, die sich am Strassenrand im Dreck suhlten. Spontan kraulte sie einer »Schweinedame« vorsichtig den Hals. »Sie genoss es so, dass sie sich hinlegte und mir ihren Bauch hinstreckte.« Simone kraulte wie aufgefordert auch den Bauch des struppigen Tiers. »Dieser Moment brachte mich völlig durcheinander. Als ich das Tier massierte, sah ich den Ausdruck in seinen Augen. Es war der pure Genuss. Ich hatte das Gefühl, dass ich genauso blicke, wenn ich massiert werde. Ich erkannte mich in diesem Schwein wieder, sah keinen wesentlichen Unterschied zwischen ihm und mir.« Auch Simone hörte auf, Fleisch zu essen.

Was keine Seele hat, kann getötet werden

Noch vor 40 Jahren behaupteten Wissenschaftler, dass Tiere einem Reiz-Reaktions-Schema unterworfen seien und ihr Verhalten von der genetischen »Software« gesteuert werde. Dem Tier hatte man im 17. Jahrhundert, am Beginn der Mechanisierung, die Seele aus dem Leib getrieben und es dann zum Automaten erklärt. Wissenschaftler, die Tieren Emotionen, Bewusstheit oder Intelligenz zusprachen, hat man bis vor ein paar Jahren noch belächelt. In der Wissenschaft galt das als unzulässige »Vermenschlichung« von Tieren. Dem Tier ein Innenleben abzusprechen und es als das schlechthin »Andere« zu definieren sei die Voraussetzung dafür gewesen, das Tier der industriellen Massenproduktion auszuliefern, schreibt der US-amerikanische Meerestierforscher Carl Safina in seinem Buch *Die Intelligenz der Tiere:* Wir töteten Tiere »nicht etwa, weil sie minderwertig wären, sondern weil wir es können. Weil wir es können, reden wir uns ein, sie wären minderwertig.« Töten ist reine Gewalt, das Wort »Gewalt« bedeutet »Macht«, »Herrschaft«. Der Mensch mache sich seine Opfer zurecht, sagt Safina, indem er ihnen die Ähnlichkeit abspreche. »Wir verstecken uns hinter der Aussage, dass Tiere nicht sprechen können. Doch die Wahrheit ist: Sie können sich nicht wehren.«[126]

»Der Mensch im Tier«

Heute wissen wir dank der Verhaltensforschung, dass Mensch und Tier sich in vielem ähnlich sind. Natürlich gibt es auch Unterschiede. Es sind aber womöglich nicht jene, die dem Menschen seit Jahrhunderten die Begründung dafür liefern, sich über das Tier zu erheben. Verhaltensforscher konnten zum Beispiel nachweisen, dass sich Schimpansen, Elefanten oder Delphine im Spiegel erkennen können, sie haben eine Art Bewusstsein von sich. Viele Tierarten können Werkzeuge herstellen und ihre Taten planen. Bei Gorillas im Zoo[127] hat man rituelles Verhalten beobachtet, manche Tiere, unter anderem Raben, können sich offenbar in ihre Artgenossen hineinversetzen und sie zum Beispiel trösten. Kapuzineraffen zeigten in einem Versuch von Frans de Waal ein Gefühl für Fairness: Ein Affe wehrt sich, wenn er für die gleiche Leistung nicht die gleiche Belohnung erhält wie sein Kollege.[128] Der Verhaltensbiologe Norbert Sachser spricht von einer »Revolution des Tierbildes«. Hätte Sachser sein Buch vor 40 Jahren geschrieben, wäre er belächelt worden, es trägt den Titel *Der Mensch im Tier*[129]. Bisher lautete die Redewendung umgekehrt: Man sprach vom »Tier im Menschen«, und das war nicht positiv gemeint. Die neuen Erkenntnisse zeigen, dass viele Eigenschaften und Fähigkeiten, die der Mensch nur seinesgleichen zusprach, auch unter Tieren verbreitet sind. Der Mensch ist nicht mehr die unangefochtene Krönung der Schöpfung.

Überraschend sind solche Erkenntnisse vielleicht nur für uns moderne Menschen. Schon in der Antike, in der christlichen Mystik und in animistischen Kulturen sprach man den Tieren mehr Ähnlichkeit zu, als wir es heute tun (s. auch das Gespräch mit Andreas Brenner, Kapitel VII). Ein Redakteur der Wochenzeitung *Die Zeit* besuchte einen Ureinwohner im Amazonasgebiet, der ihm auf der Wanderung durch die Wildnis erzählte, dass sein Volk mit den Tieren rede, sie rufe und für jedes Tier singe, das es töte.[130]

Kein Tier opfert sein Leben freiwillig. Deshalb entschuldigen sich Urvölker bei den Tieren, die sie – um überleben zu können – töten *müssen.*

Albert Schweitzer: Ehrfurcht vor dem Leben

Industriegesellschaften müssen schon lange keine Tiere mehr töten, um überleben zu können. Die meisten Tiere, die wir schlachten, sind nicht alt und krank, sie sind jung und voller Leben. Was zeigt ein Schwein, wenn es sich genüsslich im Dreck suhlt oder auf einer Alp im Zickzack herumrennt? Was bedeuten die Luftsprünge der Kälber und Kühe, wenn sie im Frühjahr zum ersten Mal auf die Weide gelassen werden? Wäre es eine arge Vermenschlichung, wenn wir von »Lebenslust« sprechen würden? Als Albert Schweitzer im Urwald von Lambaréné in Gabun das pulsierende Leben um sich herum beobachtete, erkannte er eine tiefe, schlichte Wahrheit: »Leben ist Leben, das leben will.« Wir sollten deshalb, fand er, allem »Willen zum Leben« die gleiche »Ehrfurcht« entgegenbringen wie dem eigenen, Mensch und Tier seien schliesslich wesensverwandt.[131]

Der Tiger frisst die Gazelle, der Wolf das Schaf, der Mensch das Schwein. Das sei die natürliche Nahrungskette, Spezies stünden nun mal im Konkurrenzkampf, heisst es oft. Doch der Mensch kann – und vielleicht ist es das, was ihn vom Tier unterscheidet – über Richtig und Falsch nachdenken, man nennt das Moral. Wenn wir wissen, dass Tiere – wie wir Menschen – leben wollen, wenn wir wissen, dass Tiere – wie wir Menschen – Schmerz empfinden (und auch Fische empfinden Schmerzen), dann können wir uns bewusst dazu verhalten. Ein Wolf überlegt sich nicht, was er dem Schaf antut, das er reisst. Aber der Mensch kann sich gegen Handlungsmöglichkeiten entscheiden, weil er sie für falsch hält. Ein ethischer Mensch, meinte Albert Schweitzer, habe eine Scheu davor, einem anderen Lebewesen das Leben zu nehmen. Er »schädigt und vernichtet Leben nur aus Notwendigkeit«,[132] niemals aus Gedankenlosigkeit. Pro Jahr rund dreieinhalb Millionen Tiere allein in der Schweiz zu schlachten, die meisten davon in den ersten Lebensmonaten, ist das Gegenteil von Scheu.

Selbstverständlichkeiten hinterfragen wir nicht. Eine Tradition dient sogar oft zur Rechtfertigung einer Handlung: Weil man es »schon immer so gemacht hat«, ist es richtig. Aber Traditionen können sich als falsch erweisen. Die Geschichte der Menschheit steckt voller Irrtümer. Der Irrtum ist die Kehrseite der Erkenntnis.

Die Einsicht, Tiere nicht ohne Not zu töten, wäre für eine Landwirtschaft in einem Grasland wie der Schweiz eine grosse Herausforderung. Aber das ist kein Argument für das Töten. Es heisst, dass wir in einem moralischen Dilemma stecken, und ein moralisches Dilemma ruft dazu auf, sich gemeinsam zu überlegen, wie wir nach bestem *Wissen* und *Gewissen* damit umgehen könnten.

Die Fragen mögen naiv sein: Aber müssen wir wirklich jedes Jahr so viele gesunde, junge Tiere töten? Warum halten wir nicht ein Minimum an Schweinen, Rindern, Schafen oder Ziegen und gönnen ihnen dafür ein ganzes Leben – wie unseren tierischen Freunden, den Haustieren?

XI. DIE WELTWEIT GRÖSSTE SOLIDARISCHE LANDWIRTSCHAFT – MADE IN KOREA

Besuch bei Hansalim in Südkorea

Das erfolgreichste Beispiel einer Solidarischen Landwirtschaft[133] heisst Hansalim und ist in Südkorea zu Hause. Hansalim ermöglicht mehr als 600 000 koreanischen Familien, biologische Lebensmittel von Bauernkooperativen zu kaufen. Die Organisation verbindet städtische mit ländlichen Gebieten, dank eines Modells, das auf gegenseitigem Vertrauen zwischen Bauern, Bäuerinnen und Konsumentinnen beruht.

Hansalim startete im Jahre 1986 mit einem einzigen, winzigen Bioladen in Seoul, der Hauptstadt Südkoreas – bereits nach zwei Jahren entwickelte dieser sich zu einer Kooperative weiter. Heute, gut 30 Jahre später, gibt es in Seoul 72, im ganzen Land 208 Läden. Rund 2200 Bauernbetriebe produzieren die biologischen Lebensmittel.[134]

Wie nur ist das möglich? Wie zum Beispiel schaffte es Hansalim, trotz des grossen Erfolges an der ursprünglichen Vision eines gerechten, solidarischen und weltweit einzigartigen Landwirtschaftsmodells festzuhalten?

Im Juni 2017 besuchte Florianne Koechlin gemeinsam mit Benny Haerlin und Nikolai Fuchs von der deutschen Zukunftsstiftung Landwirtschaft sowie der in der Schweiz lebenden Publizistin Hoo Nam Seelmann das Projekt.

Auf dem Hof von Ju Hyeng-Ro strecken zarte Reispflanzen ihre Halme aus dem niedrigstehenden Wasser, das hellgrüne Feld ist von roten Mohn- und blauen Kornblumen umrandet. Was für ein prächtiges Gemälde! Doch da entdecken wir zwischen den saftigen Reisbüscheln plötzlich – schwarze Schnecken. Ju Hyeng-Ro lacht, als wir auf die Tiere deuten. Sie machen den Pflanzen nichts. Im Gegenteil: Er habe die Schnecken zur Unkrautbekämpfung ausgesetzt, erklärt er, fischt eine Schnecke aus dem Wasser und legt sie auf seine Hand. Sie sei der Schlüssel zu seinem Bioreis. Sie fressen das Unkraut.

Den pestizidfreien Bioreis von Ju Hyeng-Ro verkauft Hansalim als »Schneckenreis«. Früher verkaufte der Bauer auch »Entenreis«. Enten vertilgen das Unkraut im Reisfeld noch effizienter als Schnecken und düngen zudem das Getreide mit ihrem Kot. Doch seit der verheerenden Vogelgrippe-Epidemie im Jahr 2016[135] produziert Ju Hyeng-Ro keinen »Entenreis« mehr, das Risiko eines erneuten Seuchenausbruchs ist ihm zu gross.[136, 137]

Schneckenreis-Feld

Der Biobauer zeigt uns seine Gewächshäuser, in denen verschiedene Laucharten, Knoblauch, Rettich, Gaji (Auberginen) und Patt (einheimische Bohnen) wachsen. Ju Hyeng-Ro verkauft seine Lebensmittel di-

Schnecken vertilgen Schädlinge, jäten und düngen das Reisfeld

rekt an Hansalim. Die Bauern und Bäuerinnen erhalten garantiert 76 Prozent des Verkaufspreises. Transport-, Verarbeitungs- und Verpackungskosten übernehmen sie selbst; diese eingerechnet, verbleiben den Bauernbetrieben immer noch 60 bis 70 Prozent, denn der Zwischenhandel fällt weg. Zum Vergleich: In der Schweiz gehen vom Verkaufspreis im Detailhandel gerade noch durchschnittlich 30 Prozent an den Bauern.

Hansalim-Bauer wird man nicht einfach so, es gibt strenge Regeln. Bevor man aufgenommen wird, müssen sich mindestens fünf biologisch wirtschaftende Bauernbetriebe zu einer Kooperative vereinigen und ein Jahr lang zusammenarbeiten. Sie tauschen Maschinen aus und helfen sich gegenseitig. Gleichzeitig müssen sie eine Einführung in die Hansalim-Grundprinzipien absolvieren. Erst dann wird

Hansalim-Produkte: einfach, praktisch, sparsam

eine Kooperative von Hansalim anerkannt und kann ihre Produkte an die Vereinigung verkaufen. Konsumentinnen und Konsumenten zahlen einmalig rund 35 Euro, schliessen sich ebenfalls zu Kooperativen zusammen und besuchen einen zwanzigminütigen Einführungskurs. Dann erst dürfen sie in Hansalim-Läden einkaufen und an den vielfältigen Veranstaltungen und Kursen teilnehmen. Sie zahlen auch in einen Solidaritätsfonds ein, der Bauernfamilien in Not unterstützt.

Hansalim wurde selbst in der Not gegründet, als die südkoreanische Landwirtschaft Ende der achtziger Jahre in prekärem Zustand war. Die Märkte wurden geöffnet, die aufkommende industrielle Landwirtschaft führte zu Landflucht, Kleinbauernsterben und jährlich über 1500 Todesfällen wegen Pestizidvergiftungen.[138] Eine kleine, verschworene Gruppe von Bauernaktivistinnen und erprobten

Widerstandskämpfern gegen die damalige Diktatur beschloss, eine Alternative aufzubauen: *Han-Salim* heisst »alles Lebendige bewahren«. Die Gründer hatten eine Vision: gerechte Preise für Bauernbetriebe, Produktion biologischer Lebensmittel und eine enge Verknüpfung von Stadt und Land, Lebensmittelsouveränität, demokratische Mitbestimmung auf allen Ebenen und Respekt vor allem Lebendigen. »Unsere Bauern, unsere Umwelt, unsere Gerichte« lautete damals ihre Parole. Sie gilt heute noch. Die Traditionspflege des Essens ist eine wichtige eigene Komponente und erinnert an die Slow-Food-Bewegung.

Während unseres Besuches sprechen wir mit Hansalim-Bäuerinnen und Züchtern, besichtigen eine Tofufabrik und eine Grossbäckerei, die täglich vierzig verschiedene Biobrote aus einheimischem Getreide bäckt und ein Brotlabor unterhält, das neue Brotarten kreiert. Die Vereinigung gibt ein eigenes Magazin heraus und unterhält eine Website, auf der man online einkaufen kann. Eine wichtige Rolle spielen auch gemeinsam gefeierte Feste, zum Beispiel ein grosses Festival während des ersten Vollmondes nach dem Mondkalender oder das Erntefestival im Herbst. Es gibt 803 aktive Hansalim-Gruppen, von Koch-, Näh- und Kulturgruppen bis hin zu Lesezirkeln. Zufällig treffen wir im Hansalim-Koordinationszentrum in Seoul auf einen Kochkurs: Etwa zwanzig Lehrerinnen und ein Lehrer stellen unter sachkundiger Anleitung die traditionelle, scharf gewürzte Sojapaste her – aus garantiert gentechfreier Soja, wie die Kochlehrerin betont. Ziel dieses Kurses ist, dass auch in den Schulküchen gesunde und biologische Lebensmittel Einzug halten.

Hansalim ist auch politisch tätig, wehrt sich zum Beispiel gegen Atomkraftwerke und den Anbau genmanipulierter Pflanzen. 2014 besuchte eine Delegation die Schweiz, um zu erkunden, wie Südkorea gentechfrei bleiben könnte.

Was macht diese Organisation so erfolgreich? Wichtig sei der enge Kontakt zwischen den Konsumenten und den Produzenten, sagt Moon Ji-Young, Assistant Manager bei Hansalim. Wir sitzen im Hansalim-Koordinationszentrum, einem nüchternen Bau, dessen Innenräume durch Einfachheit und eine klare Linienführung bestechen. Einfachheit und Klarheit zieht sich wie ein roter Faden durch die Aktivitäten der Organisation. Moon Ji-Young serviert einen würzigen Tee aus den Wurzeln des Salomonssiegels und erklärt: »Am Anfang der Saison einigen sich beide Seiten über Preis und Menge, unabhängig von geltenden Marktpreisen. Das sind oft harte Verhandlungen, die mit einem fairen Kompromiss enden müssen. Die Bauernbetriebe erhalten so garantierte Abnahmepreise und damit Sicherheit.« Auch sonst sind die Anforderungen hoch: Es dürfen keine Produkte importiert werden, es gibt nur saisonale Lebensmittel in den Hansalim-Läden, und die Länge der Transportwege ist auf der Verpackung angegeben. Hansalim hat ein eigenes strenges Zertifizierungssystem.

»Ein wichtiger Grundpfeiler der Hansalim-Vision ist der Respekt gegenüber Pflanzen und die Sorge um das Tierwohl«, sagt Moon Ji-Young. Hansalim-Reis zum Beispiel werde bei tiefen Temperaturen getrocknet, damit das Reiskorn keimfähig bleibe »und das reine Leben bewahrt werden kann«. Auch die Hühnereier von Hansalim sind allesamt befruchtet. »Aus ihnen können Küken schlüpfen. Das gehört zum Leben des Federviehs«, erläutert unsere Dolmetscherin. Rinder werden bei Hansalim nicht enthornt, Stiere und Eber nicht kastriert.

*

Die Schotterstrasse zieht sich durch bewaldetes Gebiet, erst einem Flüsschen entlang, dann in Serpentinen hoch bis zu einem für koreanische Verhältnisse fast einsam gelegenen Hof. Ein Hahn kräht, aus dem Wald tönt ein Kuckucksruf. Hier züchtet und vermehrt Ahn Sang-He sage und schreibe 120 verschiedene Gemüse-, Obst- und Getreidesorten, alle biologisch und alle samenfest. Samenfest heisst, dass die Bauern aus der Ernte wieder Saatgut für das Folgejahr gewinnen können. Mit dem von den Agrofirmen verkauften sogenannten Hybridsaatgut ist das nicht möglich, die Bauern müssen jedes Jahr neue Samen kaufen. »In Südkorea stammt fast alles Saatgut von Monsanto und anderen Agrokonzernen. Diese Abhängigkeit wollen wir durchbrechen«, sagt der Züchter. Auch angesichts des Klimawandels brauche es eine Vielfalt an einheimischem Saatgut.

Wir sitzen mit Ahn Sang-He unter einem grossen Zelkovabaum[139]. Er hat ihn als Oberschüler vor fast vierzig Jahren gepflanzt. Heute gibt der Baum der Farm seinen Namen. Der Züchter darf sein Saatgut bislang nicht verkaufen, da es vom Staat nicht registriert ist. Also gibt er es gratis den Hansalim-Bauernkooperativen ab. Die Organisation bezahlt für die Saatgutzüchtung eine Stelle, Konsumen-

Moon Ji-Young und Ahn Sang-He

tenkooperationen sammeln regelmässig Geld für weitere Hilfskräfte. Auch eine Samenbank ist im Aufbau. Und in vier Tagen kämen 70 Mitglieder einer Konsumentenkooperation, erzählt Ahn Sang-He. Sie helfen, Reis von Hand anzupflanzen.

*

Hansalim muss sich derzeit auch mit schwierigen strategischen Fragen befassen, wie Kwan Kaum-Soon, die Präsidentin der Organisation, unumwunden zugibt, als wir wieder im Koordinationszentrum in Seoul sind. Mitgliederzahlen und Umsatz nähmen zwar immer noch zu, aber nicht mehr so stark wie in den letzten Jahren. Viele Mitglieder würden heute individueller einkaufen. Vor allem Junge wollten sich nicht mehr an eine Organisation binden. Zudem werde die Konkurrenz grösser: Es gebe inzwischen drei weitere Bioladenketten. Ihr Sortiment sei grösser, vor allem im Bereich der Fertigprodukte. Da müsse Hansalim reagieren.

Zur Diskussion stehen erste behutsame Lockerungen der strengen Regeln. So hat das Hansalim-Prinzip, dass keine Lebensmittel importiert werden dürfen, zwei Ausnahmen erhalten: Der aus der Familie der Dorsche stammende Pollack *(Pollachius pollachius),* der wegen der Klimaerwärmung in kühlere Gewässer Richtung Russland geflohen ist, in der koreanischen Küche aber eine grosse Rolle spielt, darf jetzt in Hansalim-Läden ebenso verkauft werden wie der unraffinierte Mascobado-Zucker von den Philippinen, den die Südkoreanerinnen für die Herstellung des traditionellen Pflaumensirups benötigen. Über diese Ausnahmen hat die Vereinigung jahrelang diskutiert, denn es geht in beiden Fällen ums Prinzip: Es gehört zum Erfolgsrezept von Hansalim, die eigenen Werte auf keinen Fall leichtfertig den Umständen anzupassen.

Als zusätzliche Lockerung dürfen heute auch Nichtmitglieder in Hansalim-Läden einkaufen, sie bezahlen 10 Prozent mehr für die Produkte. Hansalim plant zudem, seine Aktivitäten auf andere Bereiche auszudehnen, wie die Versorgung von Schulküchen oder die Betreuung von Müttern, Babys und älteren Menschen.

Ein weiteres Problem ist der Mangel an jungen Bauern und Bäuerinnen. Viele Bauern sind zwischen 55 und 65 Jahre alt. Deshalb, meinte ein Bauer, würde er moderne Landwirtschaftstechnologien begrüssen, zum Beispiel Jätroboter oder Überwachungsdrohnen, nicht zur Produktionssteigerung, sondern um die Kontinuität zu gewährleisten. Doch das sei Zukunftsmusik.[140]

Wie viele Kompromisse Hansalim eingehen kann oder soll, ist eine schwierige Frage. Die Präsidentin will »auf keinen Fall« an den Grundwerten rütteln. Aber erschweren nicht gerade diese Prinzipien als ideologische Barrieren ein Weiterwachsen? Oder stimmt das Gegenteil: Ist es diese Klarheit, die umfassende und holistische Vision, die Hansalim gegenüber anderen Anbietern auszeichnet? Wir hören dazu unterschiedliche Meinungen: Eine Frau in unserem Hotel sagt, dass die intensiven Diskussionen über das Kastrationsverbot von Ebern, die Sorge um das Wohl der Schweine ihr imponiert hätten. Darum sei sie Hansalim-Mitglied geworden. Eine andere empfindet es als Nachteil, dass man in Hansalim-Läden keine Bananen und keinen Kaffee kaufen könne, und für eine ältere Frau ist Hansalim seit über 15 Jahren »wie eine grosse Familie«. Der Schweizer Botschaftsrat Nicolas Descœudres und seine Frau Sophie, seit ihrem Aufenthalt in Südkorea überzeugte Hansalim-Mitglieder und Dauerkunden, stellen fest, dass es wegen der Importverbote manchmal zu Engpässen komme, zum Beispiel bei Eiern oder Fleisch. Es brauche schon eine tiefe innere Überzeugung, damit man immer in Hansalim-Läden einkaufe, meint der Diplomat und lacht.

Es sind genau diese Werte, für die Hansalim 2014 den One World Award Gold der Internationalen Vereinigung der ökologischen Landbaubewegungen (IFOAM) und des deutschen Herstellers Rapunzel Naturkost erhielt. Mit dem Preis werden Menschen und Projekte ausgezeichnet, die »innovativ und engagiert zu einer besseren Welt beitragen«.

Hansalim erhielt die Auszeichnung nicht nur für seine Grösse und seinen Erfolg, sondern auch für die Verwirklichung der Vision, eine soziale, ökologische und kulturelle Bewegung in Gang zu setzen.

Demonstration gegen Gentech-Raps (3.6.2017) am Rand eines abgeernteten Feldes, in dem transgene Rapspflanzen entdeckt wurden.
Text auf Florianne Koechlins Tafel: »Unzulängliche Einfuhrkontrolle von GMO. Das Recht der Konsumenten muss geschützt werden.« Neben ihr Benny Haerlin.

Gentech-Raps – nicht auf unseren Feldern!

Noch während unseres Aufenthaltes in Südkorea wird bekannt, dass auf mehreren Feldern illegaler Gentech-Raps gefunden wurde. Niemand weiss, wie das passieren konnte. Hansalim organisiert eine Demonstration im Bezirk Hong-seong, zusammen mit etwa 40 Präsidentinnen und Vertretern von Konsumenten- und Bauernorganisationen. Auch Benny Haerlin, ehemaliger Europaparlamentarier der Grünen, und ich sind dabei. Benny Haerlin spricht ein Grusswort und weist auf die desaströsen Erfahrungen mit Gentech-Raps hin.

Der in diesem Feld gefundene manipulierte Raps ist resistent gegen das Monsanto-Herbizid *Roundup*. Transgener Raps ist besonders problematisch, weil seine Samen mindestens 15 Jahre im Boden keimfähig bleiben und jederzeit das Feld neu kontaminieren können. Auch hat Raps manch nahverwandte Wildkräuter, in die die Herbizidresistenz einkreuzen kann. In Kanada zum Beispiel sind solche herbizidresistenten Superunkräuter ein riesiges Problem und auch mit noch giftigeren Herbiziden kaum bekämpfbar.

Solidarische Landwirtschaft in der Schweiz

Die Solidarische Landwirtschaft hat eine lange Tradition – und mindestens zwei Ursprungszentren. Eines in Japan, wo sich in den siebziger Jahren besorgte Konsumentinnen mit Landwirten zusammentaten, um Lebensmittel direkt zu beziehen. Die andere Spur beginnt in Genf, wo die Genossenschaft Les Jardins de Cocagne seit 1978 Gemüse für ihre Mitglieder anbaut. Inzwischen hat sich die Idee in der ganzen Welt verbreitet. In der Schweiz gibt es rund 60 Vereine und Genossenschaften. Die grösste, die Agrico Genossenschaft für biologischen Landbau bei Basel, produziert Gemüse für rund 2500 Haushalte. Die meisten sind jedoch kleiner und versorgen einige Dutzend bis einige Hundert Haushalte.[141]

XII. DER BAUERNHOF VON MORGEN

Besuch bei Maxime de Rostolan von der Mikrofarm La Bourdaisière in Montlouis-sur-Loire

Wer durch das schmiedeeiserne Tor in der Bruchsteinmauer tritt, kommt in einen wundersamen Garten. Auf dem Grundstück stehen zahlreiche Holzgerüste, an denen an diesem sonnigen Septembertag dürres Laub hängt. Tritt man näher, leuchtet es aus dem einen Gestänge knallrot, an einem anderen scheinen weisse Eier zu wachsen, dahinter orange Weihnachtskugeln. Doch hier hängen keine Eier und Weihnachtskugeln. In diesem ein Hektar grossen Garten wachsen gegen 700 verschiedene Tomatensorten. 700! Sie werden alle auf einer schwarzen Schiefertafel vorgestellt: »Miss Kennedy« und »White Beefsteak« zum Beispiel, »Brandywine«, eine pinkfarbene Tomate aus dem 19. Jahrhundert, die zitronengelbe »Lemon Tree«, die fast schwarze »Slovenian Black« oder die »Blanche du Canada«. Es gibt gestreifte, gerillte und zart durchschimmernde Tomaten, runde, flache, längliche und tropfenförmige, manche sehen aus, als wären sie mehrfach gefaltet. Es gibt Tomaten so gross wie ein Babykopf, andere sind so klein wie eine Fingerkuppe. Was für eine Vielfalt in einem einzigen Gemüse steckt!

Wir befinden uns im Küchengarten des Château de la Bourdaisière. Das Landschloss liegt im Herzen des Loire-

Château de la Bourdaisière

tals, rund eine TGV-Stunde südwestlich von Paris im Departement Indre-et-Loire.[142] Schlossherr ist Louis Albert de Broglie, in Frankreich nennt man ihn den »Gärtnerprinzen« oder *le Prince Tomate.* Das Tomatenkonservatorium ist nicht nur der Leidenschaft eines Adelssprosses entsprungen, de Broglie sieht sich – wie der andere Prinz in Grossbritannien – als Botschafter einer ökologischen Landwirtschaft. Hinter der Gartenmauer vervielfacht sich die Vielfalt noch einmal: »Hier beginnt die Landwirtschaft von morgen«, sagt Maxime de Rostolan und macht mit seinen Armen eine ausladende Bewegung – als ob er über ein grenzenloses Königreich gebieten würde.

Der hochgewachsene Mann mit dem zerzausten dunklen Schopf ist Gründer des Vereins Fermes d'Avenir, der »Bauernhöfe der Zukunft«, wie die Bewegung für ein neues ökologisches Landwirtschaftsmodell in Frankreich genannt wird.[143] Der Bauernbetrieb hinter dem Tomatengarten ist nur 1,4 Hektar gross, das ist ein Klacks im Vergleich zu den grossen Gemüsebetrieben der Region. Aber genau das ist einer der Grundgedanken dieser neuen, jungen und lebendigen Landwirtschaftsbewegung: die Kleinheit, Mikrofarmen. Maxime de Rostolan und seine Mitstreiterinnen und Mitstreiter der Fermes d'Avenir denken quer gegen das heutige Wirtschaftssystem: Sie denken klein und lokal statt gross und global. Ihre Landwirtschaft setzt auf Menschen und Handarbeit statt auf Megatraktoren mit eingebauten Fliessbändern; sie setzen auf Pflanzen und Kräuter, die Schädlinge vertreiben, statt auf Herbizide, Fungizide und Insektizide; sie setzen auf organischen Bodenaufbau statt auf synthetische Düngemittel. De Rostolan ist überzeugt, dass Mikrofarmen nicht nur schmackhafte, gesunde Lebensmittel hervorbringen, sondern auch produktiv sind. »Diese Betriebe sind unsere Zukunft«, sagt er. Mit dem Pilotbetrieb La Bourdaisière will der Verein das neue Landwirtschaftsmodell auf seine wirtschaftliche, technische und soziale Tragfähigkeit hin prüfen mit dem Ziel, politische und strukturelle Wege aufzeigen zu können, damit solche Höfe in ganz Frankreich Verbreitung finden.

Dafür haben der Aktivist de Rostolan und der Tomatenprinz de Broglie im Jahre 2013 einen Pakt geschlossen: Der Schlossherr stellt dem Verein ein Stück Land für den Versuchsbetrieb zur Verfügung. Der Betrieb soll beweisen, dass es möglich ist, klein, ökologisch *und* profitabel zu sein. Die Ziele sind hochgesteckt. So sollte der Versuchsbetrieb bereits nach drei Betriebsjahren so viel abwerfen, wie ein

Maxime de Rostolan

grösserer Traktor kostet: 100 000 Euro pro Jahr. Das würde drei Personen ein bescheidenes Einkommen ermöglichen. Um dieses Ziel einordnen zu können, muss man wissen: Die Truppe startete mit nichts als einem Stück Magerwiese.

Zumindest für den Laien ist beeindruckend, was eine knappe Handvoll Menschen aus dieser Wiese in vier Jahren gemacht hat. »Ja, es sieht schön aus, aber in fünf Jahren, wenn die Obstbäume höher sind und sich noch mehr verschiedene Gemüse- und Kräuterarten, noch mehr Beeren und andere Nützlinge niedergelassen haben, wird der Hof noch schöner sein.« De Rostolan denkt immer an morgen, an den nächsten Schritt. »Das kann so nicht weitergehen«, sagt der 37-jährige zweifache Familienvater. »Die moderne Landwirtschaft ist ein irrsinniges System. Sie setzt die Natur immer mehr Kunstdünger und Pestiziden aus, sie macht die Böden kaputt, und in einem Jahrhundert hat der Mensch die fossilen Ressourcen von mehreren Millionen Jahren verbraucht.« De Rostolan macht mit der Hand eine Kreisbewegung. »Die Bäuerinnen und Bauern von morgen dagegen denken in Kreisläufen, und sie denken an die nächsten Generationen.« Das Stichwort »Kreislauf« fällt immer wieder im Gespräch mit ihm.

Er führt uns vorbei an einem Steinhaus, in dem das Büro untergebracht ist und die Gemüsekisten zusammengestellt werden. Die 30-jährige Bäuerin Rachel Serin, die den Be-

Huhn auf La Bourdaisière

trieb leitet, und zwei Praktikanten winken. Maxime de Rostolan zeigt uns den kleinen Erdkeller neben dem Haus, in dem Gemüse gelagert wird. Es riecht nach frisch geerntetem Meerrettich. Der Betrieb verteilt jede Woche rund 50 Gemüsekörbe an Abonnentinnen und Abonnenten, verkauft Gemüse direkt ab Hof, beliefert lokale Restaurants, Seniorenheime, Fachgeschäfte (Biocoop, Coop Nature) und natürlich die Schlossküche. Wir marschieren vorbei an mobilen Gewächshäusern, welche die Jungpflanzen vor der Witterung schützen, und hören die Hühner gackern, die am anderen Ende in einem grosszügigen Gehege in Häusern auf Stelzen wohnen.

Da, wo einst Magerwiese war, sind heute Hügelbeete, länglich, rhomben- oder kreisförmig angelegt, dazwischen wachsen noch junge Obstbäume und Beeren- und Kräutersträucher. Maxime de Rostolan bleibt vor einem Hügelbeet stehen. Die Landwirtschaft von morgen sieht anders aus als die industrielle. Letztere haben wir am Vortag auf der Zugfahrt von Basel nach Paris gesehen: kilometerlange Mais-, Weizen- und Kartoffelfelder zogen an uns vorbei, aufgeräumte, unkrautfreie Monokultur, so weit das Auge reicht. Die Landwirtschaft, vor der wir nun stehen, wirkt auf den Laien wie ein wildes Durcheinander aus Gemüse, Kräutern, Früchten, Beeren. Auf den Beeten liegen ausgezupfte Pflanzen und Stroh, etwas Unkraut wächst dazwischen. Wir stehen vor einer Mischkultur. »Die verschiedenen Pflanzen unterstützen sich gegenseitig, und sie werden dichter zusammen gepflanzt. Die Beete benötigen weniger Wasserzugabe, weil die Erde auf Hügeln weniger schnell austrocknet und die hohen oder blattreichen Pflanzen Schatten spenden«, erklärt de Rostolan. Auch die gepflanzten Obstbäume und Sträucher zwischen den Gemüse-, Kräuter- und Salatbeeten gehören zur Mischkultur. Man nennt dies Agroforst: Bäume liefern viel organisches Material, sie schützen vor Wind und Austrocknung, spenden Schatten, ihre Wurzeln festigen den Boden und können auch bei Trockenheit von weit unten noch Wasser nach oben befördern und der Pflanzengemeinschaft zur Verfügung stellen. Im Gegenzug liefern zum Beispiel Bohnen, Kefen oder Erbsen Stickstoff, von dem die Bäume profitieren.

Die Mikrofarm La Bourdaisière ist nach den Methoden der Permakultur entworfen worden. In der permanenten Kultur soll immer etwas wachsen, mit ihr nutzt man die natürlichen Wechselwirkungen zwischen Bäumen, anderen Pflanzen, Tieren und der physikalischen Umwelt aus. Die Idee der Permakultur[144] beruht auch auf der Haltung, an der Natur keinen Raubbau zu betreiben, sondern nur so viel zu brauchen, wie nachwachsen kann. »Die Natur ist von sich aus grosszügig«, betont de Rostolan. Man müsse sie bloss beobachten und von ihr lernen.

Die Permakultur[145] geht weiter als die biologische Landwirtschaft: Sie setzt wie diese keine Kunstdünger, Pestizide und genmanipulierten Pflanzen ein. Aber sie pflanzt noch mehr Vielfalt, kümmert sich noch stärker um einen sorgfältigen Aufbau eines humusreichen Bodens voller Würmer (s. Kapitel IV) und anderer Kleinstlebewesen, achtet insbesondere auf einen geschlossenen Kreislauf. Sie versucht zum Beispiel, so wenig fossile Energien wie möglich zu verbrauchen. Deshalb verzichten die meisten Permakultur-Bäuerinnen und -Bauern auf den Traktor, nicht weil sie von einem von Technik unberührten Paradies träumen, sondern weil die schwere Maschine den Boden verdichtet, Kleinstlebewesen und Mykorrhizen (s. Kapitel III) zerstört. Das zeigen wissenschaftliche Studien. Die Bäuerinnen und Bauern der Zukunft greifen für die Bodenbearbeitung auf schonendere Arbeitsmethoden zurück: auf die Gartenhacke und wenn nötig den Pflug. Diese Art der Landwirtschaft braucht den körperlich arbeitenden Menschen, sie ist viel arbeitsintensiver als der industrielle Gemüseanbau in Monokultur. Deshalb setzt der Verein vorwiegend auf kleine Betriebe. Aber Permakultur ist auch in Grossbetrieben möglich. »Die Betriebe können unterschiedlich sein, das gemeinsame Fundament sind die Werte, nämlich mit der Permakultur eine ganzheitliche Landwirtschaft zu betreiben«, so de Rostolan.

Die Basis der Permakultur ist ein fruchtbarer Boden. Die Aufschichtung der Hügelbeete auf der Versuchsfarm La Bourdaisière erfolgte nach der »Lasagnetechnik«, wie der studierte Ingenieur und Wasserspezialist erklärt. Die

Vielfältige Permakultur mit Lasagnebeeten

erste Schicht besteht aus Karton, darauf hat man verwittertes Gehölz gelegt, dann folgt eine Schicht mit Hornmehl und getrocknetem Kuhblut angereicherter grober Kompost, dann Laub, Erde und feinerer Kompost. Das Ganze wird mit einer Mulchdecke, bestehend aus zerkleinerten Pflanzenresten und Stroh, abgedeckt. Sie hält nicht nur die Erde feucht, sie dient Bodenlebewesen auch als Nahrung. Das zugekaufte Hornmehl und das getrocknete Blut ersetzen den Stickstoff, der im Dung von Kühen oder Schafen enthalten ist. Vieh kann die Truppe auf dem Versuchsbetrieb wegen des beschränkten Platzes nicht halten. »In den ersten Jahren haben wir uns darauf konzentriert, den Boden fruchtbarer zu machen«, sagt de Rostolan und seufzt. »Das brauchte viel Geduld. Der Boden hier ist sandig und enthält fast keinen Ton, der das Wasser speichert.« Ein an

Nährstoffen ausgewogener Boden ist die Basis für alles, was wachsen und gedeihen soll.

Auf die Lasagne hat die kleine Truppe dann aufeinander abgestimmte Pflanzen gesetzt, zum Beispiel Stickstoff liefernde Bohnen neben Kohl, der den Dünger für sein Wachstum benötigt. Den Kohlweissling und seine gefrässigen Raupen wiederum vertreiben stark duftende Pflanzen, wie Beifuss, Salbei oder Thymian. Auf anderen Beeten wächst Lauch zwischen Erdbeeren, er vertreibt die Fadenwürmer. Mehrjährige Pflanzen wie Artischocken, Rhabarber oder Sauerampfer stehen neben saisonalem Gemüse, Kartoffeln wurden übereinandergesetzt, das spart Raum. Auf keinem einzigen Hügelbeet wächst nur ein einziges Gemüse in Vielzahl, sondern jeweils eine Gemeinschaft aus einer Vielfalt an Pflanzen. Jede leistet ihren Beitrag für die Gemeinschaft, von der sie selbst profitiert. Die einen vertreiben mit ihren Duftstoffen Schädlinge, andere spenden mit ihren grossen Blättern Schatten, Hülsenfrüchte binden Stickstoff. Kein einziges Beet ist nackt. Das Wort »Permakultur« meint, dass die Erde – wie im Wald – permanent mit Vegetation bedeckt ist. Das schützt den Boden, bewahrt ihn vor dem Austrocknen und verhindert Erosionen.

Die berühmteste – aber längst nicht einzige – Permakultur-Mikrofarm in Frankreich ist jene von Charles und Perrine Hervé-Gruyer in Le Bec-Hellouin in der Normandie. Um zu erfahren, wie viel der aufwendige Gemüseanbau auf 1000 Quadratmetern Land[146] ökonomisch bringt, haben Wissenschaftler des Nationalen Instituts für Agronomieforschung INRA über vier Jahre lang jede Arbeitsminute des Ehepaars sowie einer Teilzeitkraft und die Einnahmen, die der kleine Betrieb mit seinem Gemüseverkauf erwirtschaftete, zusammengezählt. Heraus kam eine Produktivität, welche die Forscher kaum glauben konnten: Pro Quadratmeter hat die Mikrofarm Gemüse für durchschnittlich 57 Euro im Jahr ernten können. Das klingt nach wenig, ist aber ein deutlich höherer Ertrag, als der konventionelle Anbau in dieser Region erwirtschaftet.[147] Der Permakulturbetrieb wurde im Dokumentarfilm *Demain* als eines der zukunftsträchtigen Landwirtschaftssysteme vorgestellt.[148] Jedes Jahr pilgern Hunderte Wissenschaftlerinnen, Bauern, Gärtnerinnen und andere Interessierte aus der ganzen Welt nach Le Bec-Hellouin, um sich dort unterweisen lassen.

Auch Maxime de Rostolan besuchte diesen Hof in der Normandie immer wieder für mehrere Wochen und liess sich dort ausbilden. »Seine« Mikrofarm an der Loire dokumentiert nun ebenfalls jeden Arbeitsschritt: die Arbeitszeit jedes Mitarbeiters, die Anzahl Mitarbeitende inklusive Ehrenamtliche und vieles mehr. »Die mangelnde Information über die Wirtschaftlichkeit solcher Betriebe dient immer als Argument, nichts am heutigen Modell zu ändern«, moniert de Rostolan. Das will der Verein Fermes d'Avenir mit konkreten Zahlen ändern.

100 000 Euro pro Jahr wollte der Versuchsbetrieb nach drei Jahren hereinholen. Dieses Ziel hat der Verein Ende 2016 nicht erreicht. Das nasse und kalte Wetter im Frühling 2016, dem eine Hitzewelle von drei Monaten folgte, sei für die ganze Landwirtschaft in der Region eine Katastrophe gewesen, sagt de Rostolan. Während die Gemüsebauern in der Umgebung zwischen 30 und 50 Prozent ihres gewohnten Umsatzes einbüssten, stieg zwar der Umsatz auf

La Bourdaisière um 36 Prozent, aber auf tiefem Niveau. Ende 2016 schloss die Rechnung des Betriebs mit einem Einnahmenüberschuss von 26 433 Euro, im Jahre 2017 mit 30 000 Euro, und 2018 rechnet der Betrieb mit einem Gewinn von 50 000 Euro. Das finanzielle Resultat ist für de Rostolan ernüchternd. »Es zeigt sich, dass die ökologische Landwirtschaft genauso wie die chemische auf Subventionen angewiesen ist.«[149]

Rechne man nämlich die direkten Subventionen der heutigen industriellen Landwirtschaft und die Kosten für die von ihr verursachten Schäden mit ein, dann sei das heutige Modell nicht rentabel. Eine profitable Landwirtschaft sei auch deshalb schwierig, weil die Lebensmittel für die Konsumentinnen und Konsumenten nicht mehr den gleich hohen Wert hätten wie früher. Im Jahre 1960 gab eine Familie in Frankreich noch 30 Prozent ihres Budgets für Lebensmittel aus, heute sind es noch 13 Prozent. »Wir zahlen nicht die tatsächlichen Kosten dessen, was wir essen.« De Rostolan glaubt, dass wir das Landwirtschaftsmodell als Ganzes ändern müssen: »Wenn wir eine Landwirtschaft wollen, die für Mensch und Umwelt gesund ist, müssen wir als Gemeinschaft die von den Landwirten erbrachten Ökosystemleistungen bezahlen.« (S. auch Kapitel XIII.)

Für den Verein Fermes d'Avenir geht es um nichts Geringeres als um eine agrarpolitische Wende. »Wir müssen umdenken, und weil wir nicht für die ganze Welt denken können, beginnen wir in Frankreich mit der Wende«, sagt de Rostolan. Bis jetzt gibt es ein paar hundert Permakulturhöfe in Frankreich, bis im Jahre 2030 sollen es 25 000 sein. Wer Visionen hat, muss sich grosse Ziele setzen. Die

Initiantinnen und Initianten der Fermes d'Avenir scheinen aber auch sehr geerdet und pragmatisch zu sein: Der Verein macht Informationstouren durch Frankreich, unterstützt Projekte, berät Interessierte und knüpft Kontakte bis in höchste politische Kreise: Der heutige Präsident Emmanuel Macron besuchte La Bourdaisière während seines Wahlkampfs 2017, auch Umweltminister Nicolas Hulot war schon auf verschiedenen Permakulturhöfen zu Gast. Auch wenn die Politiker noch etwas Zeit brauchen für die »Wende«, an der Basis scheint das Interesse gross zu sein: Seit 2015 hat der Verein fünf Wettbewerbe ausgeschrieben, um interessierte Bäuerinnen und Bauern bei der Verwandlung ihrer Betriebe in eine »Ferme d'Avenir« zu unterstützen. Rund 45 Bäuerinnen und Bauern kommen pro Jahr zum Zuge, 2017 bewarben sich über 200 Interessierte.

Die Vision des Vereins, der von einem unabhängigen Wirtschafts- und Wissenschaftsausschuss begleitet wird,[150] gründet auf einer »Charta der Zukunft«. In ihr ist festgehalten, wie die Landwirtschaft der Zukunft aussehen soll, auf welchen Werten sie beruht:[151] Sie ist demnach eine ökologische Landwirtschaft, die ihre Produkte effizient, das heisst lokal vermarktet, die ein Einkommen erzielt, von dem die Bauersleute leben und drei Wochen Ferien machen können. Die Landwirtschaft der Zukunft ist in der Gemeinde eingebettet, öffnet den Einwohnern regelmässig ihre Türen, und die Bäuerinnen und Bauern der Zukunft teilen ihr Wissen und ihre Erfahrungen mit der Bevölkerung. Gemäss der Charta sollte ein Gemüsebetrieb mindestens fünfzehn Gemüsesorten pflanzen, ein Viehwirtschaftsbetrieb mindestens fünf verschiedene Rassen sowie eine alte Rasse führen.

Gewünscht wird auch, dass jeder Hof jährlich transparent macht, welche Lebensmittel er produzierte, wo er sie verkaufte, wie gross der Arbeitsaufwand war, wie viele Personen im Einsatz waren und vieles mehr. Die Daten sollen helfen, eine Balance zwischen Aufwand und Ertrag zu finden, Erfahrungen zu sammeln und andere an den gemachten Erfahrungen teilhaben zu lassen. Die Charta gibt die Richtung vor. Sie ist aber im Detail noch nicht verbindlich. »Dafür braucht es noch etwas Zeit«, sagt de Rostolan.

In Frankreich erfasse die Bewegung vor allem junge, urbane Menschen, Maxime de Rostolan nennt sie »Neo-Rurals«, neue Landbewohner. Rund 40 Prozent dieser Zukunftsbäuerinnen und -bauern seien aus der Stadt und hätten keinen bäuerlichen Hintergrund. Auch er ist für sein Mikrofarm-Projekt mit seiner Familie aus Paris aufs Land gezogen und »hier so glücklich wie nie zuvor«.

Mikrofarm Beispiel 1: Aquaponik – die Kombination von Fischzucht und Gemüseproduktion

Regenbogenforellen schwimmen in einem grossen Aquarium. Das Wasser mit ihren Exkrementen fliesst in ein anderes Bassin, in dem Gemüsepflanzen wachsen. Ihre Wurzeln stehen direkt im Wasser. Zahlreiche, für das menschliche Auge unsichtbare Wasserlebewesen zersetzen die Fischexkremente und machen sie damit den Pflanzen zugänglich. Derart gedüngt, wächst das Gemüse prächtig und reinigt das Wasser auf natürliche Art. Dieses gelangt wieder zu den Fischen – der Kreislauf ist geschlossen. »Es braucht dazu nur eine einfache Installation«, schreibt der Aquaponik-Experte Grégory Biton, vor allem eine einfache Pumpe. Die Aquaponik steckt noch in den Kinderschuhen, doch Hunderte von neuen Installationen seien in Frankreich geplant oder bereits unterwegs.[152]

Mikrofarm Beispiel 2: Der essbare Waldgarten

Waldgärten – oder essbare Wälder – zeichnen sich durch grosse Vielfalt auf zwei oder mehreren Etagen aus. Man findet sie vor allem in den Tropen. Im indischen Kerala zum Beispiel[153] bilden Kokospalmen die oberste Etage. In ihren lichten Schatten wachsen Bananen-, Papaya- und Jackfruitbäume, eine Etage tiefer Zitronen-, Chili- und Maniokbüsche. Am Boden gedeihen Gemüse und Kräuter, und den Kokospalmstämmen entlang winden sich Pfeffergewächse. Waldgärten (auch Agroforst genannt) kommen inzwischen überall auf der Welt vor. In China etwa finden sich Waldgärten mit Pappeln oder Ulmen und Getreide. Oft tummeln sich zudem Enten und Hühner unter den Bäumen. Im Norden Europas ist die Entwicklung von Waldgärten noch jung. Bekannte Beispiele sind Haselnussbäume kombiniert mit Gemüsestreifen oder Pflaumenbäume zusammen mit Beerensträuchern.[154]

Wie Pflanzen und Tiere sich unterstützen können: Pflanzendüfte gegen Stängelbohrer und Herbst-Heerwurm

Gegen den Stängelbohrer, einen der schlimmsten Schädlinge in Maiskulturen in Afrika, wirken Pflanzendüfte. Die Methode wurde vom International Centre of Insect Physiology and Ecology ICIPE in Nairobi entwickelt und heisst »push and pull«. Zwischen die Maisreihen pflanzen Bäuerinnen und Bauern die bodenbedeckende Bohnenpflanze *Desmodium*. Deren Geruch stösst den Stängelbohrer ab. Um die Felder werden drei Reihen Napiergras angebaut. Der Duft dieses Grases zieht die Stängelbohrerlarven an und lockt sie aus dem Maisfeld. Das Napiergras produziert zudem einen klebrigen Stoff, der für die Larven zur Falle wird. Mit Duftstoffen hinaustreiben und anlocken, auf Englisch: push and pull.

Nun hat sich ein weiterer Schädling, der Herbst-Heerwurm, innert weniger Monate in Afrika ausgebreitet und schwere Schäden an Mais und anderem Getreide verursacht. Ein Versuch des ICIPE zusammen mit 250 Bauernfamilien zeigt: »Push and pull« funktioniert auch beim Herbst-Heerwurm. Die Anzahl Larven war in den »Push and pull«-Feldern durchschnittlich mehr als 80 Prozent tiefer und die Erträge wesentlich höher als in Monokulturen.

Hummeln als *flying doctors*

Hummeln und Bienen trippeln beim Verlassen ihres Stockes durch eine spezielle Passage mit Pilzsporen eines unschädlichen Pilzes. Sie tragen diese Sporen an den Beinen zu den Blüten, bei denen sie Nektar suchen. Dort bleiben die Sporen hängen und besetzen den Platz, so dass sich keine anderen schädlichen Pilze ausbreiten können. Hummeln sollen als *flying doctors* zum Beispiel Bio-Erdbeeren vor dem gefürchteten Grauschimmelpilz schützen. Ein Konsortium aus neun EU-Ländern hat drei Jahre lang an diesem Projekt geforscht. Das Projekt ist aber noch nicht praxisreif.[155]

Die Drei-Schwestern-Landwirtschaft

Diese seit alters in Zentralamerika gehegte Mischkultur besteht aus Mais, Bohnen und Kürbissen. Der Mais liefert Kohlenhydrate und dient der Bohne als Stange, die Bohne liefert Proteine und Stickstoff, und der Kürbis gedeiht im Schatten von Mais und Bohne, hält den Boden feucht und verhindert Erosion. Die Mischkultur produziert mehr, als jede einzelne Pflanze in Monokultur produzieren würde. Die auch Milpa genannte Drei-Schwestern-Landwirtschaft ist laut dem renommierten Maisforscher H. Garrison Wilkes von der Universität von Massachusetts in Boston »eine der erfolgreichsten menschlichen Erfindungen aller Zeiten«[156].

XIII. DIE LANDWIRTSCHAFTLICHE TRETMÜHLE

Gespräch mit Mathias Binswanger

Mathias Binswanger ist Professor für Volkswirtschaftslehre an der Fachhochschule Nordwestschweiz in Olten und Privatdozent an der Universität St. Gallen, zudem Autor zahlreicher Bücher und Artikel in Fachzeitschriften und in der Presse. Das »Ökonomen-Einfluss-Ranking« der *Neuen Zürcher Zeitung* hat ihn 2017 auf den dritten Platz der einflussreichsten und am meisten geschätzten Schweizer Ökonomen gesetzt. Wir treffen ihn in der Cafeteria der Fachhochschule in Olten.

Herr Binswanger, Sie gehören zu den drei einflussreichsten Ökonomen der Schweiz, sind aber gegen den Freihandel in der Landwirtschaft. Ein Widerspruch?
Ich bin nicht generell gegen den Freihandel. Aber er ist nicht für jede Situation die beste Lösung. Beim Freihandel werden einzig die Kosten betrachtet, die Frage lautet: Wie und wo kann man am günstigsten produzieren? Aus diesem rein ökonomischen Blickwinkel dürfte die Schweiz keine Landwirtschaft mehr betreiben.
Warum nicht?
Weil die Schweizer Landwirtschaft zu teuer ist. Es gibt andere Länder, die wesentlich günstiger Lebensmittel produzieren können. Nach dem Prinzip des komparativen Vorteils[157] müsste man sagen: Wir konzentrieren uns in der

Schweiz auf jene Branchen, in denen wir relativ viel Geld verdienen, wie die Pharmabranche, den Bankensektor oder den Dienstleistungsbereich. Mit den Produkten aus diesen Branchen verdienen wir sehr viel mehr Geld als mit landwirtschaftlichen Gütern. Wir verdienen so viel, dass wir Lebensmittel aus anderen Ländern einkaufen könnten und trotzdem noch einen Überschuss hätten. In Zahlen ausgedrückt sieht die Situation so aus: Die Wertschöpfung in der Landwirtschaft beträgt in der Schweiz rund 30 000 Franken pro Beschäftigten, während es in der Pharmaindustrie oder dem Bankenwesen über 300 000 Franken sind, also zehnmal mehr. Aus rein ökonomischer Perspektive müsste man sagen: Aufhören mit der Landwirtschaft! Das ist die Stimme des Marktes.

Aber?

Es gibt gute Gründe, weshalb wir an der Landwirtschaft festhalten sollten. Das ist aber ein Entscheid gegen den Markt. Man argumentiert dann nicht rein ökonomisch, sondern bringt die Ernährungssicherheit, den Erhalt der Kulturlandschaft, die Biodiversität oder das Tierwohl ins Spiel. Wenn wir diese multifunktionalen Leistungen der Landwirtschaft erhalten wollen, müssen wir Bedingungen schaffen, die das Überleben der Landwirtschaft ermöglichen.

Welche Bedingungen sind das?

Direktzahlungen an die Bauernbetriebe und Zölle. Ob die Direktzahlungen im Moment optimal ausgestaltet sind und die richtigen Leistungen unterstützt werden, ist eine andere Frage. Da gibt es natürlich Verbesserungspotential. Das Zweite ist der Grenzschutz, ein sorgfältig austariertes

System. Wie wichtig er ist, zeigt das derzeit diskutierte Freihandelsabkommen mit Malaysia. Kommt es ohne Ausnahmen zustande, kann Malaysia auf dem Schweizer Markt Palmöl verkaufen. Schweizer Rapsöl wäre dagegen nicht konkurrenzfähig. Einer meiner Studenten hat dies in einer Bachelorarbeit untersucht: Der internationale Preis für 100 Kilo Palmöl beträgt derzeit rund 73 Franken. Der durchschnittliche Schweizer Preis für Rapsöl beträgt für die gleiche Menge rund 250 Franken, also mehr als dreimal so viel. Nur dank eines Schutzzolls von etwa 120 Franken pro 100 Kilo Palmöl ist Rapsöl annähernd konkurrenzfähig, obwohl es immer noch fast 50 Franken teurer ist als Palmöl.

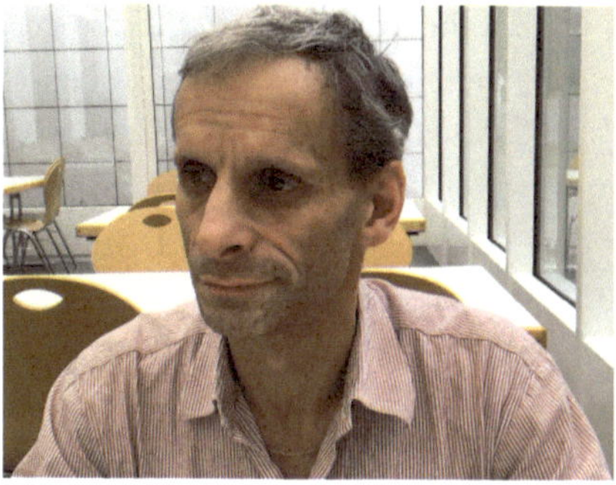
Mathias Binswanger

Sie schreiben in Ihrem Buch Globalisierung und Landwirtschaft. Mehr Wohlstand durch weniger Freihandel[158], *dass der Freihandel für die Bauernschaft, vor allem für die kleineren Höfe, eine ruinöse Sackgasse sei. Warum?*

Das liegt an der »landwirtschaftlichen Tretmühle«, die der amerikanische Ökonom Willard Cochrane bereits im Jahr 1958 beschrieben hat. Im Wesentlichen spielen drei Gründe eine Rolle. *Erstens:* Die Lebensmittelhersteller, die den Bauernbetrieben ihre Produkte abkaufen, wollen homogene Rohstoffe wie Milch oder Getreide. Sie wollen keine verarbeiteten Produkte wie Erdbeerjoghurt oder Tomatenaufstrich. Solange der Bauer aber nur Rohstoffe verkauft, kann er sich von der Konkurrenz nicht durch Qualität unterscheiden. Es ist den Lebensmittelherstellern egal, ob die Milch von Bauer A oder von Bauer B kommt.

Ein Liter Milch ist ein Liter Milch.

Genau. Bauer A kann sich vom Bauern B nur dadurch abheben, dass er mehr und billiger produziert, dass er effizienter ist als B. Genau dies machen Bauern heute: Sie produzieren immer mehr und immer günstiger. Dadurch steigt die Produktion, wir haben immer mehr Lebensmittel. Das führt dazu, dass die Preise sinken, weil die Nachfrage bei Lebensmitteln nicht zunimmt, wenn man mehr produziert. Die Schweizerinnen und Schweizer trinken nicht plötzlich mehr Milch, weil es mehr Milch gibt. Wir Ökonomen nennen dies die unelastische Nachfrage. Es kommt daher zu sinkenden Preisen, was wiederum dazu führt, dass die weniger effizienten Bauern ausscheiden, weil sie nicht mehr kostendeckend produzieren können. Der Rest versucht, noch produktiver zu werden. Der Preis sinkt weiter.

Der Bauernbetrieb erhält immer weniger Geld für seine Produkte, obwohl er mehr produziert.

Ja. Er ist in einer endlosen Tretmühle gefangen. Dazu kommt *zweitens,* dass im Vergleich zur Industrie oder zum Dienstleistungssektor der wichtigste Produktionsfaktor der Landwirtschaft, der Boden, begrenzt ist. Er lässt sich nicht beliebig vermehren, Bauern können nicht einfach expandieren.[159, 160] Zwar versuchen die Bauern seit Jahrhunderten, ihre Böden immer intensiver zu bewirtschaften, um so die Produktivität zu erhöhen, geraten aber damit nur noch mehr in die landwirtschaftliche Tretmühle. *Drittens* verkaufen die Bauernhöfe ihre Produkte meistens an grosse Lebensmittelverarbeiter wie Migros oder Coop. Diese diktieren die Bedingungen und drücken tendenziell die Preise, mit dem Argument, dass sie ebenfalls unter Druck stünden, weil die Konkurrenz im Ausland die Produkte viel günstiger einkaufen könne. All diese Faktoren führen in die landwirtschaftliche Tretmühle. Darum ist der Freihandel für die Bauernschaft eine Bedrohung.

In Südkorea ist mit Hansalim eine Kooperation mit über 600 000 Familien und ein paar tausend Bauernbetrieben entstanden. Die Bauern erhalten im Durchschnitt 65 Prozent des Endpreises. Zum Saisonbeginn handeln Bauern und Konsumenten die verbindlichen Preise gemeinsam aus. Was erhält ein Bauer und eine Bäuerin in der Schweiz vom Endpreis eines Lebensmittels?

Das hängt vom Produkt ab. Am besten ist es noch bei Käse, da bekommen sie etwa 50 Prozent. Bei Caffè Latte sind es etwa 5 Prozent. Hier steckt mehr Wertschöpfung in der Verpackung, als der Milchproduzent bekommt. Im Durchschnitt erhalten die Bauern rund 30 Prozent. Doch der Erlös wird von Jahr zu Jahr weniger. Im Jahre 1970 erhielt ein Bauer im Durchschnitt noch 50 Prozent vom Endprodukt, der Erlös sank in den letzten knapp 50 Jahren um 20 Prozentpunkte. Ein permanenter Rückgang.

Am meisten profitiert haben die Lebensmittelhändler.

Ja. Das liegt auch daran, dass fast die ganze Wertschöpfung von Lebensmittelverarbeitern erzeugt wird. Die Migros zum Beispiel kauft bei Bauern den Rohstoff Milch. Daraus produzieren sie über 70 verschiedene Milchprodukte – Vollmilch, UHT-Milch und dann noch Vollrahm, Halbrahm, Joghurt, Quark, Dessert, Milchdrinks. Da in der Verarbeitung der grösste Teil der Wertschöpfung liegt, lässt sich damit Geld verdienen. Das hat zur Folge, dass sich die Preisschere immer mehr öffnet.

Trotzdem hat der Bauer einen schlechten Ruf, viele nehmen ihn als ewig jammernden Subventionsbezüger wahr.

Den meisten Menschen ist eben nicht bewusst, dass der Anteil der Bauern an der Wertschöpfung immer mehr zurückgegangen ist und dass sie immer weniger von dem bekommen, was wir als Endpreis für Lebensmittel bezahlen. Die Konsumentinnen und Konsumenten bemerken, dass es teurer geworden ist. Sie haben dann das Gefühl, die Lebensmittel seien teurer, weil die Bauern höhere Preise verlangen. Dieser Ruf wird auch ganz bewusst gefördert, von der *NZZ* zum Beispiel oder dem marktwirtschaftlich orientierten Think-Tank Avenir Suisse …

Auch weil die Landwirtschaft ein Hindernis für den Freihandel ist.

Genau. Weil sie ein Hindernis für den Freihandel ist, das ist der Hintergrund. Bei jedem Freihandelsvertrag kommen die Bauern unter Druck. Es heisst dann, wegen der paar Bauern können wir dieses Freihandelsabkommen nicht schliessen, das dem Rest der Wirtschaft grosse Vorteile bringen würde. Es wäre vernünftig, man würde die Landwirtschaft und die Lebensmittel ganz vom Freihandel ausnehmen.

Könnte die Politik sie denn ausklammern?

Natürlich. Bei einem bilateralen Abkommen kann man alles verhandeln, was man möchte. Die Frage ist, ob die Vertragspartner dies akzeptieren würden. Aber wenn die Schweiz dezidiert in diese Richtung argumentieren würde, könnte man das selbstverständlich machen.

Es gibt aber auch Stimmen aus Umweltkreisen, die für mehr Freihandel plädieren. Sie sagen, dass gerade hochstehende Schweizer Spezialitäten, gesunde, biologische, garantiert gentechfreie Nischenprodukte, auf dem EU-Markt eine grosse Chance hätten.

Das ist schon eine Chance, aber nicht für die Bauern, sondern für die Lebensmittelindustrie. Welcher Bauer exportiert denn seine Produkte selber direkt ins Ausland? Die Bauern haben heute nur noch einen kleinen Anteil an der Wertschöpfung, und da sollen sie plötzlich selber im grossen Stil exportieren? Zudem warten die Konsumentinnen und Konsumenten im Ausland natürlich nicht auf Schweizer Spezialitäten. Sie haben selbst Spezialitäten, die auch gut sind. Ausserdem sind zwei der Grundsätze, warum man die Landwirtschaft in der Schweiz überhaupt erhält, die lokale Versorgung und kurze Transportwege. Nun will man plötzlich die Schweizer Produkte rund um den ganzen Globus vermarkten? Nun sollen Transportwege keine Rolle mehr spielen? Das wäre ein grosser Widerspruch.

Viele Drittweltländer fordern dagegen Marktzugang zum reichen Norden, sie wollen ihre Produkte in Europa absetzen. Wenn wir den Freihandel verwehren, verwehren wir den Bäuerinnen und Bauern aus dem Süden doch auch die Chance, ihren Lebensunterhalt zu verdienen. Ist das nicht elitär, eine kolonialistische Überheblichkeit?

Die letzten Jahrzehnte haben gezeigt, dass der Freihandel den ärmeren Bauern und Bäuerinnen in Drittweltländern nicht viel bringt. Der globale Handel mit Lebensmitteln hat erst in den 1980er Jahren begonnen. Vorher gab es hohe Zölle, Handel war nicht sehr attraktiv. Doch seit im grossen Stil Lebensmittel global gehandelt werden, sind die meisten Entwicklungsländer, besonders in Afrika, gezwungen, Lebensmittel zu importieren. Sie wurden zu Lebensmittel-Nettoimporteuren. Und das ist auch verständlich. Sie hatten ihre Landwirtschaft völlig umgestellt und produzierten nun vor allem Produkte, die sie im Ausland gut verkaufen konnten, wie Kaffee, Baumwolle, Tee. Die Folge war, dass viel mehr von diesen Cash Crops für den Export produziert wurden. Doch die Preise für diese Produkte sind sehr volatil und brachen teilweise zusammen. Die Bäuerinnen und Bauern haben so immer weniger verdient und sind umgekehrt nicht mehr in der Lage, die eigene Bevölkerung zu ernähren.

Sie müssen ihre Lebensmittel importieren.

Ja, zu einem grossen Teil. Der Freihandel hat die Situation der Bauernbetriebe in südlichen Ländern meistens verschlechtert. Profiteure sind vor allem die grossen Lebensmittel- und Agrokonzerne.[161] Zusammenfassend kann man sagen, dass der Freihandel bei landwirtschaftlichen Produkten zu vielen Verlierern und wenigen Gewinnern führt. Verlierer sind die meisten Bauernbetriebe, sowohl in Industrie- als auch in den Entwicklungsländern, während sich ein paar internationale Konzerne und einige Grossbauern zu den Gewinnern zählen können.

Wie kann die Situation der Bauernfamilien verbessert werden? Wie können Bäuerinnen und Bauern die Wertschöpfung wieder auf den Hof zurückholen?

Es gibt da in der Schweiz verschiedene Ansätze: Bauernbetriebe oder Bauerngenossenschaften verkaufen entweder ihre Produkte direkt ab Hof – also Produkte des täglichen Bedarfs, wie Milch, Gemüse oder Fleisch. Oder sie verkaufen Spezialitäten und Nischenprodukte, wie Ziegenraclette oder biodynamischen Cassis-Süssmost, im eigenen Hofladen. Auch die Vertragslandwirtschaft ist ein wichtiger Beitrag zur Rückeroberung der Wertschöpfung auf die Bauernhöfe; es gibt sie vor allem in der Westschweiz. Zudem sollten sich Bauernbetriebe mehr zusammenschliessen, um bei Preisverhandlungen mit den Abnehmern stärker auftreten zu können. Nur so können sie ihre Marktschwäche ausgleichen.

Eine Lösung wäre wie bei Hansalim in Südkorea eine engere Vernetzung zwischen Konsumenten und Bauernbetrieben. Jene erhalten gemäss einem Vertrag zum Beispiel wöchentlich einen Korb mit Biogemüse – bezahlt wird am Anfang der Saison.

Genau. In der Schweiz sind diese Kooperationen erst eine sehr kleine Nische. Wir müssen verstärkt in diese Richtung denken, auch in der Wissenschaft. Heute werden die meisten Forschungsgelder in der Landwirtschaft dazu verwendet, noch ertragreichere Sorten zu erhalten. Doch es sollte auch erforscht werden, wie das Zurückholen der Wertschöpfung auf die Höfe ermöglicht werden kann. Bei den Weinbauern geht dies ja auch. Sie heben sich mit ihren Weinen voneinander ab und verkaufen auch oft direkt ab Hof. Weinbauern haben weniger wirtschaftliche Probleme als die Lebensmittelbauern.

Können Wein- und Lebensmittelbauern verglichen werden?

Ich denke schon. Wenn Lebensmittelbauern nicht nur einen Rohstoff abliefern müssen, sondern differenziertere Produkte, einen tollen Käse vom Bauern X oder ein spezielles Joghurt vom Bauern Y, dann ist es ähnlich wie beim Wein. Und wenn Konsumenten die Bäuerin oder den Bauern kennen, haben sie ein anderes Verständnis für die Preise und die Situation. Das Lebensmittel bekommt ein Gesicht, nämlich das der Bäuerin. Und es erhält einen Ort: dort, wo es gewachsen ist.

Direktzahlungen in der Schweiz

Mathias Binswanger schreibt: »Der Anteil der Direktzahlungen an der Bruttowertschöpfung in der Landwirtschaft, das heisst am gesamten Verkaufserlös der landwirtschaftlichen Produktion (Gesamtproduktionswert) minus die Zahlungen für Vorleistungen, betrug in Österreich im Jahre 2006 etwa 77 Prozent, in der Schweiz 73 Prozent, und in Deutschland liegt der Anteil um die 40 Prozent. Zieht man von der Bruttowertschöpfung die Abschreibungen sowie Zahlungen an die in der Landwirtschaft angestellten Arbeitnehmer und die Zins- und Pachtzahlungen ab, dann erhält man das den Bauern zum Leben verbleibende Einkommen, das sogenannte Nettounternehmenseinkommen. Dieses ist in der Schweiz etwa gleich hoch wie die an die Bauern bezahlten Direktzahlungen. Mit anderen Worten: Nach Abzug aller Kosten bleibt den Bauern im Durchschnitt vom Verkaufserlös ihrer Produkte nichts übrig. Ihr restliches Einkommen stammt heute vollumfänglich von den Direktzahlungen des Staates, welche somit für ihr Überleben unabdingbar sind.«[162]

Zum Beispiel: Freihandel und die Auswirkungen auf die Philippinen und auf Mexiko

Mathias Binswanger schreibt: »Die Philippinen waren von den siebziger Jahren bis in die neunziger Jahre ein Nettoexporteur von Agrargütern. Die Handelsliberalisierung für Agrarprodukte (Agreement on Agriculture) durch die Uruguay-Runde bei den WTO-Verhandlungen änderte das allerdings nachhaltig. Seit 2000 sind die Philippinen ein Nettoimporteur von Lebensmitteln. Die Preise

für traditionell exportierte Agrargüter wie Kokosnüsse oder Zucker brachen zusammen, und die heimische Getreideproduktion ging nach und nach zurück, da das Land durch billiges Importgetreide überschwemmt wurde. Ein Teil der Bauern gab auf und verkaufte seine Länder an Grossproduzenten, an die Industrie oder an Immobilienmakler. Bis ins Jahr 2000 gingen so etwa zwei Millionen Arbeitsplätze in der Landwirtschaft verloren. Zum Glück bleiben noch Kokosnussöl und Bananen, womit die Philippinen nach wie vor etwas Geld verdienen.
Auch in Mexiko sorgte der Freihandel nicht für mehr Wohlstand. Das wichtigste landwirtschaftliche Produkt in Mexiko ist Mais, und Mexiko hat sich traditionell selbst mit diesem Produkt versorgt. Doch seit Mexiko im Jahr 1994 mit den USA das North American Free Trade Agreement (NAFTA) unterzeichnet hat, wurde das Land mit amerikanischem, von der US-Regierung subventioniertem Mais überschwemmt (Dumping). Zwischen 1993 und 2000 hat sich der mexikanische Maisimport um das Achtzehnfache erhöht. Ungefähr ein Viertel des in Mexiko konsumierten Maises kommt heute aus den USA, doch die mexikanischen Konsumenten haben von dieser Maisschwemme nicht einmal profitiert. Die Preise von Tortillas sind nicht gesunken, denn gleichzeitig bildete sich ein Kartell der grossen Maisproduzenten, das den Markt zu dominieren begann. (…)
Mit dem komparativen Vorteil in der Landwirtschaft ist es also nicht weit her in den ärmsten Entwicklungsländern [die Philippinen und Mexiko gehören nicht dazu; F. K.]. Wie auch in den Industrieländern sind die Bauern Verlierer des Freihandels.«[163]

XIV. »DAS VOGELGEZWITSCHER KOMMT INS OHR ZUM HÖREN«

Besuch bei Jeong Kwan, buddhistische Nonne in Südkorea, und Gespräch mit der Publizistin und Philosophin Hoo Nam Seelmann

Das köstlichste Essen der Welt wird in den abgeschiedenen Bergen Südkoreas zubereitet. Von Jeong Kwan. Seit der Restaurantkritiker der *New York Times* Jeong Kwan zur »Chefkoch-Philosophin« adelte, herrscht ein grosser Trubel um sie. Ihre Art des Kochens und ihr Essen werden inzwischen auf der ganzen Welt in den Himmel gelobt, zahlreiche Magazine haben ihre herrlichen Menüs fotografiert, es gibt Kurzvideos mit ihr, und Netflix porträtierte sie in der Serie *Chef's Table* – die Folge wurde auch im Rahmen der Berlinale 2017 gezeigt. Sie gehöre zu den besten Köchen der Welt, sagen andere beste Köche der Welt.

Dabei führt Jeong Kwan kein Restaurant. Sie hat nie eine Kochschule besucht und nie in einer Dreisterneküche gearbeitet. Die 62-jährige Frau, von der so viele Medien und Starköche schwärmen, ist eine buddhistische Nonne und lebt im Tempelkomplex Baekyangsa, rund 230 Kilometer südlich von Seoul. Sie kocht für eine Nonne und eine Novizin. Zu dritt teilen sie die Klause Cheonginam oberhalb des Tempels. Manchmal kocht Jeong Kwan auch für Mönche oder Gäste, und seit einiger Zeit gibt sie Kochkurse.

Zusammen mit Hoo Nam Seelmann, einer in der Schweiz lebenden Philosophin und Publizistin, besucht

Hoo Nam Seelmann, Florianne Koechlin
und Jeong Kwan vor Bodhidharma,
dem Begründer des Zen-Buddhismus

Florianne Koechlin die »Chefkoch-Philosophin«. Ein Bus bringt uns bis zum Parkplatz vor dem grossen Eingangstor des Tempels. Wir wandern dem kleinen Fluss entlang durch einen Ahornwald. Auch weisse Eichen und prächtige, uralte Kiefern[164] säumen den Weg. Es riecht gut, würzig, und es ist angenehm kühl. Nach dem lärmigen Seoul und der vierstündigen Zug- und Busfahrt kehrt Ruhe ein. Wir reden kaum. Wir erreichen die grosse Tempelanlage aus dem 7. Jahrhundert, die rund 50 buddhistische Mönche beherbergt. Bis zum Wohnsitz von Jeong Kwan sind es nochmals 20 Minuten zu Fuss: ein schlichtes Wohnhaus und ein Tempel, beide bunt mit buddhistischen Ornamenten bemalt. Imposant sind die grimmig aussehenden Drachen an den Dachfirsten.

Die kleine Buddhistin mit dem kahlgeschorenen Kopf und dem grauen Wickelgewand empfängt uns in einem kargen Raum ihres Wohnhauses. Wir sitzen auf dem Boden und trinken Tee. Bodhidharma, der Begründer des Zen-Buddhismus, ist mit kühnem Strich direkt auf eine Wandseite gemalt. Im hinteren Teil des Raumes trocknen Akazienblüten auf einer Plastikblache, sie sehen aus, als wären sie aus Glas. Sie sind in Reissirup getunkt und anschliessend gepresst worden. Später werden sie frittiert.

Kochen und Essen sei eine Art von Meditation, sagt Jeong Kwan. Es komme dabei vor allem auf die Haltung an: »Ein Handwerk kann man lernen, doch beim Kochen befassen wir uns mit dem Leben, deshalb behandeln wir es mit grösster Sorgfalt und grossem Respekt.« Jeong Kwan ist davon überzeugt, dass die gute Küche – also jene, die für unseren Körper die beste und für unseren Gaumen die köstlichste ist – aus einer intimen Verbindung mit Obst und Gemüse, mit Kräutern und Bohnen, Pilzen und Getreide entsteht. »Beim Kochen und Essen sind wir uns immer bewusst, dass wir von der Natur ein grosses Geschenk erhalten. Diese Haltung unterscheidet Kochen von einem Handwerk. Das Kochen und Essen ist ein Weg, uns Menschen wieder zurück zur Natur zu bringen. Und den Geist frei zu machen für die Meditation und das Studium. Essen hat nie etwas mit Gier und Völlerei zu tun.« Für sie gibt es keine Distanz zwischen einer Köchin und ihren Zutaten. »Eine Aubergine in meinem Garten ist ein Lebewesen, das ich gehegt und gepflegt habe. Zwischen ihr und mir fliesst viel Energie. Die Aubergine wird dadurch Teil von mir und ich Teil von ihr.«

Jeong Kwan sei eine »Offenbarung der Tempelküche«, schrieb die *New York Times.* Aber die Tempelküche erfunden hat nicht sie. Diese fliesst bereits seit 1500 Jahren wie ein unterirdischer Fluss durch die koreanische Kultur. Sie ist vegan: kein Fleisch, kein Fisch, keine Milchprodukte. Zudem sind fünf Pflanzensorten aus der Tempelküche verbannt: Knoblauch, der Ostasiatische Blaustern, eine leicht nach Knoblauch schmeckende Schnittlauchart, eine Wildzwiebelsorte und Frühlingszwiebeln. Sie verströmen einen intensiven Geruch und reizen dadurch gemäss den Zenbuddhistischen Schriften die Sinne zu stark, stören die Ruhe im Innern, die Meditation. Trotzdem ist diese Küche unbeschreiblich vielfältig und das Aufregendste, was ich kulinarisch je erlebt habe. Generationen von Nonnen und Mönchen – auf Koreanisch *Biguni* und *Bigun* – haben seit je Wildpflanzen gesammelt, Gärten angelegt und aus dem, was ihre Umgebung ihnen bot, die herrlichsten Gerichte hergestellt.

Mit Hoo Nam Seelmann als Dolmetscherin erzähle ich Jeong Kwan von den neuen wissenschaftlichen Erkenntnissen, wonach Pflanzen mit Duftstoffen miteinander kommunizieren: wie sie sich mit Duftstoffen vor Gefahren warnen, nützliche Insekten anziehen, SOS-Signale aussenden oder ihr Verhalten koordinieren. Und wie sie unter dem Boden mit ihren Wurzeln und mit Pilzfäden ein grosses und dynamisches Netz bilden, über das sie auch Nährstoffe und Informationen austauschen. Jeong Kwan hört interessiert zu, die Erkenntnisse überraschen sie indes nicht. »Sie bestätigen meine täglichen Erfahrungen mit den Pflanzen«, sagt sie erfreut.

Dann erzählt sie uns eine buddhistische Geschichte von einem Mönch, der unbedingt den Mond für sich allein besitzen wollte. Eines Abends entdeckte er ihn im Spiegelbild eines Sees. Gierig füllte der junge Mann den Mond in eine Flasche, rannte freudig nach Hause und leerte das Wasser aus. Doch der Mond war nicht da. Das, was er zu haben glaubte, erwies sich als Illusion. Dieser Novize hatte Buddhas Lehre noch nicht begriffen, sagt Jeong Kwan. Doch er sah bald ein, wie töricht sein Wunsch war, weil er sich etwas gewünscht hatte, was er nicht haben konnte. »Er lernte, dass Besitz nicht das Eigentliche ist. Dass es vielmehr um die Wahrnehmung und den Genuss des Augenblicks geht«, erklärt die Buddhistin. Die Kunst des Loslassens ist ein wichtiger Pfeiler der buddhistischen Lehre. »Buddha sagt: ›Indem man loslässt, bekommt man alles.‹ Das Wesentliche erscheint einem erst, wenn man loslässt.« Pflanzen seien eng mit uns verbunden, fährt die *Biguni* fort. Sie seien aber auch in engem Kontakt mit der Sonne, dem Wind und dem Regen, alles stehe in Beziehung zueinander. Letztlich seien wir doch alle eins. Denn auch wir seien Teil des Ganzen.

Es ist 18 Uhr. Zeit für die Abendzeremonie: Die Mönche im Tempel unten bringen immer um diese Zeit die Natur zum Schlafen, Abend für Abend, Jahr für Jahr. Dafür schlägt ein Mönch zuerst in langsamen Rhythmen eine grosse, fast mannshohe Trommel: Dies ist das Schlafenszeichen für die ganze Natur. Dann wechselt er zu einem hölzernen Fisch, der an einem Balken an der Decke befestigt ist, und schlägt diesen mit einem Klöppel. Dieser Takt soll alle Wassertiere zum Schlafen bringen. Zum Schluss klopft er auf eine metallene Wolke, die über dem Fisch hängt, um alle Insekten und Vögel in die Nachtruhe zu begleiten. Die gleiche Zeremonie wiederholen die Mönche morgens um drei Uhr, um die Natur aufzuwecken.

Am nächsten Morgen nehmen wir an einem Kochkurs teil. Eine buntgemischte Gruppe junger Köchinnen und Köche trifft ein – eine junge Chinesin, die in Hongkong ein veganes Restaurant eröffnen möchte, ein Spanier, der das Herrscherhaus von Katar bekocht hatte, eine Kanadierin, ein Amerikaner, zwei junge Köche aus Korea. In den folgenden drei Stunden halbieren und schälen wir Bambusschösslinge, höhlen sie aus, mörsern Kräuter, rösten Sesamsamen, deren Duft bald die ganz Küche füllt, schneiden Gemüse. Jeong Kwan gibt Anweisungen, zeigt Handgriffe, überwacht alles. Ständig klicken Handys, alles wird fotografiert, auch die *Biguni* zückt immer wieder ihre Handykamera. Die geschälten und ausgehöhlten Bambusschösslinge gibt Jeong Kwan in grosse Töpfe, sie werden nun zwei Stunden lang in Misosuppe gekocht. Denn die Pflanzen produzierten ein Gift, um sich gegen Feinde zu wehren, erklärt sie ihren Kochschülerinnen und -schülern. Diese würden in der Misosuppe gelöst. Bambus könne man nur bis Mitte Mai ernten, danach sei er zu giftig. Anschliessend füllen wir die einzelnen Ausbuchtungen der Bambusschösslinge mit Klebereis, der mit vielen Bergkräutern und mit Ginkgonüssen vermischt wurde. Und weil der Bambus dieses Jahr etwas streng schmeckt, mischt Jeong Kwan noch getrocknete Walderdbeeren zur Füllung.

Die *Biguni* bereitet einen Teig aus Bohnenpulver und Mehl vor. Mit einem fast zwei Meter langen Rundholz walkt sie ihn im Schneidersitz aus, von innen nach aussen,

Jeong Kwan

um einen besonders geschmeidigen Teig zu erhalten. Ihre Bewegungen sind präzise, sie gleichen einer Zen-Übung. Ihr Gesicht hat etwas Offenes, Unverkrampftes, Konzentriertes, und im nächsten Augenblick bricht sie in ein ansteckendes Lachen aus. Von ihr geht eine grosse Kraft aus, eine unmittelbare Freude, zu kochen, zu essen, zu leben. Sie kann aber auch ruppig sein und die Leute herumkommandieren.

Für die Füllung der *Mandu* (Teigtaschen) mischen wir Tofu, Zucchini, viel geriebenen Rettich, eine feingescheibelte, mir unbekannte weisse Wurzel und etwas Salz zusammen. Rettichstiele und -blätter werden sorgsam aufbewahrt, anschliessend getrocknet und im Winter als Gewürz verwendet. In der Tempelküche, betont Jeong Kwan mehrmals, werde nichts fortgeworfen. Wir formen die Teigtaschen, geben die Füllung hinein, verwenden auch Sesam-

Gefüllte *Mandu* (Teigtaschen)

Lotoswurzelscheiben in Randensaft

Bambusschösslinge

Bambusschösslinge gefüllt

und Kohlblätter als Hülle. Die *Mandu* werden anschliessend eine halbe Stunde gedämpft.

Die lange Tafel ist gedeckt, neben den Teigtaschen und den gefüllten Bambusschösslingen stehen eine Schüssel mit Misosuppe, eine Schale mit kurzgedämpftem Gemüse und Nudeln, eine Schale mit dünnem dunkelgrünem Wildrhabarber, eine weitere mit von Randensaft rosa gefärbten Lotoswurzelscheiben mit ihrem charakteristischen Lochmuster.[165] In einer Schale gibt es zudem Szechuanpfeffer, der drei Jahre eingelegt war, in einer weiteren Pilze. Letztere hat Jeong Kwan auf toten Ahornstämmen gezüchtet, die äusserste Schicht leicht in der Sonne antrocknen lassen, sie dann in Reissirup glasiert und schliesslich frittiert. Sie sind knusprig und sehr aromatisch, sie haben einen erdigen Geschmack. Bessere Pilze habe ich nie gegessen. Dazu gibt es eine Schale mit *Kimchi*. *Kimchi* gehöre in jede koreanische Küche, erklärt Hoo Nam Seelmann. Es wird aus Chinakohl, Rettich, Ingwer und scharfem Paprikapulver hergestellt und anschliessend fermentiert. Gutes *Kimchi* habe oft einen Gärungsprozess von über einem Jahr hinter sich, sagt meine Dolmetscherin. *Kimchi* entwickelt im Lauf des Fermentierungsprozesses einen sehr eigenen Geruch und einen leicht säuerlichen und scharfen Geschmack.

Auf einem Dach des Klosters stehen viele *Onggi,* grosse dunkelbraune Tonfässer, in denen unterschiedliche Saucen und Pasten fermentiert werden: Sojasaucen und Sojapasten, die schon seit sage und schreibe zwölf Jahren reifen, *Doenjang* (Sojabohnenpaste) oder *Gochujang* (Chilipaste). Die Herstellung guter Saucen ist eine grosse Kunst, bei der auch jahrhundertealte Traditionen und Geheimrezepte eine Rolle spielen. So erhält zum Beispiel eine Sojapaste dank Pollenstaub von Kiefern einen ganz eigenen Geschmack.

Nach dem Essen lädt Jeong Kwan zu einer Teezeremonie ein. Wir sitzen im Schneidersitz auf dem Boden und beobachten, wie sie die Teekanne anwärmt, etwas Tee und heisses Wasser hineingibt, kurz und auf den Tee konzentriert wartet, um ihn zum richtigen Zeitpunkt in die winzig kleinen Schälchen zu giessen. Sie serviert einen Grüntee, der zehn Jahre lang fermentiert wurde, einen speziellen Grüntee aus Taiwan und am Schluss einen Tee von Salomonssiegel-Wurzeln, alle natürlich ohne Zucker. Den feinen Aromen nachzuspüren ist ein Erlebnis, fast eine Art Meditation.[166]

*

Hoo Nam Seelmann, meine kluge und belesene Reiseführerin, ist nicht nur Dolmetscherin der Sprache, sondern auch der koreanischen Kultur und Lebensweise. Auf unserer Busfahrt zurück nach Seoul erzählt sie, dass die koreanische Sprache eine viel grössere Nähe zu Pflanzen ermögliche als die deutsche, was aber in der Übersetzung leider verlorengehe. Jede Sprache stelle mit ihren Begriffen Muster bereit, mit denen wir die Welt sehen und deuten könnten. Wenn eine Koreanerin sage, sie sei im früheren Leben ein Vogel gewesen oder eine Kiefer, dann sei das ganz normal. In Europa klinge das komisch. Auch Blumenschauen sei in Korea beliebt, besonders die Zeit der Kirschblüte. Dann seien alle – Banker, Anwältinnen, Bauarbeiter, Kinder – unterwegs. Auch die blühenden wilden Azaleen auf den Hügeln oder die Buchweizenblüten betrachten die Koreanerinnen und Koreaner jedes Jahr en masse.

Endlose Reisfelder ziehen an uns vorüber, manchmal auch ein Dorf mit einer Ansammlung an Hochhäusern. »Die zwischenmenschlichen Beziehungen sind bei uns in Korea viel symbiotischer als in Europa. Bei uns ist die Gemeinschaft sehr wichtig, das Konzept des autonomen Individuums ist uns von der Tradition her fremd«, erklärt Hoo Nam Seelmann weiter. Lange Zeit habe es im Koreanischen nicht einmal einen Begriff für »Individuum« gegeben, das habe sich erst durch den Einfluss des Westens geändert. Da fällt ihr ein spannendes neurowissenschaftliches Experiment[167] ein: Japanische und kanadische Personen wurden aufgefordert, auf einem Foto den Gemütszustand einer Person anhand ihres Gesichtsausdrucks zu beurteilen. Die Person auf dem Bild lächelte glücklich, links und rechts von ihr sahen die Studienteilnehmerinnen und -teilnehmer je zwei weitere Personen, die traurig wirkten. Während die Probanden das Bild kurz betrachteten, wurden ihre Augenbewegungen aufgezeichnet. Das Resultat: Menschen aus Kanada fokussierten von Beginn an auf die Hauptperson. Sie interpretierten sie denn auch als glücklich. Die Nebenpersonen bemerkten sie kaum. Für die Japanerinnen und Japaner war die Sachlage nicht so eindeutig, ihre Augen bewegten sich schnell hin und her. Ihr Urteil wurde von den traurigen Gesichtern links und rechts stark beeinflusst.

Im Westen werde ein Individuum als autonome Instanz betrachtet, sagt Hoo Nam Seelmann. Seine Emotionen seien eine rein persönliche Angelegenheit, unbeeinflusst von der Umgebung. In der ostasiatischen Kultur hingegen sei das

Selbstbild an das Beziehungsgefüge geknüpft: »Ihre emotionalen Zustände verschmelzen mit denjenigen, die in ihrem Leben eine Rolle spielen.« Deshalb wurden die Japaner, die beim Experiment das Foto betrachteten, von den traurigen Gesichtsausdrücken der Nebenpersonen beeinflusst: das Resultat komplexer zwischenmenschlicher Beziehungen in einer Welt, in der alles miteinander verknüpft ist.

Das zeigt sich auch in der Kunst. Hoo Nam Seelmann hat über diese Unterschiede einen schönen Aufsatz geschrieben. In der europäischen Malerei ist zum Beispiel seit der Renaissance die Zentralperspektive ein Charakteristikum. Sie bewirkt Tiefe und lenkt den Blick auf ein Zentrum, um von dort aus die Welt zu erschliessen. In der koreanischen Kunst wird man nicht gelenkt. »Betrachtet man ein Bild der klassischen ostasiatischen Malerei, ist man sogleich mitten in der Landschaft, eingetaucht in die Atmosphäre, durchwandert die Täler und überquert die Flüsse. Es gibt weder einen Fluchtpunkt noch einen herausgehobenen Haltepunkt. Das Schauen ist mehr schwebend und schweifend. Die Tuschzeichnungen mit ihren leeren atmenden Flächen, nebelverhangenen Tälern und verschwimmenden Konturen von Bergen und Bäumen evozieren ein Bild von der Welt, die nicht substanzhaft in sich beharrt, sondern etwas Flüchtiges und Fliessendes birgt.«[168]

Die andere Seite der Medaille ist, dass die koreanische Gesellschaft sehr hierarchisch aufgebaut ist. Jüngere zeigen laut Hoo Nam Seelmann älteren Menschen gegenüber Respekt, sie redeten sie zum Beispiel nie mit dem Vornamen an. Es gibt hier vielstufige, sehr komplexe Höflichkeitsformen, die nach Alter, der sozialen Stellung und Geschlecht variieren. Diese Hierarchien einzuhalten sei sehr wichtig, sagt meine Begleiterin. Ältere Menschen genössen denn auch ein paar Freiheiten, sie seien zum Beispiel oft direkt. »Die zuweilen etwas ruppige Art der *Biguni* Jeong Kwan, die wir am Morgen beobachtet hatten, ist für Koreaner nichts Besonderes. Ältere Menschen erachten es oft nicht mehr als nötig, sich zu verstellen.«

Unser Bus hält an einer Raststätte, laute Rockmusik plärrt aus Lautsprechern, wir kaufen Ginsengkekse, ein Buchweizengetränk und flanieren durch die Menschenmenge. Der Geruch von gegrilltem Fleisch liegt in der Luft. Lange können wir uns die Beine nicht vertreten, die Fahrt nach Seoul geht weiter. Wir schweigen eine Weile, im Bus ist es still, viele schlafen nun, einige reden sehr leise miteinander, um die anderen Fahrgäste nicht zu stören. Diese Zurückhaltung ist auch typisch. Weil die zwischenmenschlichen Beziehungen hier sehr symbiotisch sind, sagen die Koreanerinnen und Koreaner auch selten »ich«. »Damit haben wir Mühe«, erklärt Hoo Nam Seelmann. Oft rede man deshalb in der dritten Person von sich selbst. Manchmal übernähmen sogar einzelne Körperteile die bestimmende Funktion, sie agierten dann, als seien sie jeweils ein Ich. Ein Koreaner oder eine Koreanerin sage dann zum Beispiel: »Die Füsse wenden sich nicht«, will heissen: »Ich will nicht gehen.« Oder: »Der Hals ist trocken«, womit gemeint sei: »Ich habe Durst.« Oder: »Der Bauch verlangt etwas«, was bedeute: »Ich habe Hunger.« Es gebe im Koreanischen viele Möglichkeiten, das Ich zu umschreiben.

Ein zentraler Begriff in diesem Zusammenhang ist jener des *Ma-um. Ma-um* bedeutet Herz, Seele, Geist oder auch

Gewissen. Das *Ma-um* sei am ehesten so etwas wie eine Ich-Instanz – doch es lasse sich nicht richtig übersetzen, sagt Hoo Nam Seelmann. Die Koreaner sagten zum Beispiel: »Mein *Ma-um* fühlt sich heute schlecht.« Oder: »Mein *Ma-um* schüttelt mich« (»ich bin verunsichert«). Oder: »Diese Pflanze kommt in mein *Ma-um* hinein« (»sie gefällt mir«). Oder: »Meinem *Ma-um* kommen ständig Wellen entgegen« (»ich habe eine schwierige Zeit«). »Interessant ist«, fügt Hoo Nam Seelmann noch an, »dass das *Ma-um* in der Brust zu Hause ist, also beim Herzen, während das europäische Selbst im Kopf, im Gehirn verortet ist.«

Ein abgezirkeltes Ich kennen die Koreanerinnen und Koreaner nicht. »Das *Ma-um* ist eine schwebende und durchlässige Grösse. Es ist in einem ständigen Fluss, es verharrt niemals in einem Zustand, und es ist oft voller einander widersprechender Empfindungen.« Das *Ma-um* habe auch viel mit Emotionen und Intuition zu tun. Darum seien Koreaner oft sehr sentimental und impulsiv und neigten leicht zu Tränen. Wie durchlässig das *Ma-um* sei, zeige sich auch daran, dass die Dinge der Welt, dass die Natur oft die Initiative übernehme und in den Menschen eindringe. Hoo Nam nennt ein paar schöne Beispiele. Ein Koreaner sagt nicht: »Ich höre das Vogelgezwitscher«, sondern: »Das Vogelgezwitscher kommt ins Ohr zum Hören.« Bei Gerüchten sagt man: »Etwas ist an der Ohrmuschel vorbeigestreift.« Während wir in Europa sagen: »Ich sehe die Blume«, sagt man in Korea: »Die Blume zeigt sich mir« oder »sie bietet sich dar«. Und statt »Ich habe kalt« sagt man: »Die Kälte dringt in mich ein.« Im Koreanischen sickere ziemlich alles in die Haut ein, schreibt Hoo Nam Seelmann in ihrem Aufsatz: Kälte, Wärme, Hitze, Liebe, Feuchtigkeit. Denn: »In einem solchen Sprachraum erscheinen die Welt der Dinge und die der Menschen weniger hermetisch abgeschlossen. Die Welt ist schon immer in uns, und wir sind, ohne dass wir als Akteure die Welt erobern müssen, mit dieser in substantieller Art verbunden. Es bedarf keiner steten Intentionalität, um die Welt zu bewegen und Dinge geschehen zu machen. Denn die Welt bewegt sich von allein und dringt unablässig in die Menschen ein wie die Luft.«[169] Da würden die festen Grenzen zwischen den Menschen sowie zwischen den Menschen, den Tieren und den Pflanzen zerfliessen – da sei alles im Fluss.

Wir nähern uns Seoul. Der Verkehr wird dichter, die Hochhaussiedlungen scheinen sich ins Endlose zu erstrecken. Wir fahren nun dem Wattenmeer der Westküste entlang, das einer starken Ebbe und Flut ausgesetzt und reich an Krabben, Krebsen, Muscheln und anderen Meeresfrüchten ist. Ich denke zurück an unser Gespräch mit der *Biguni* Jeong Kwan, als sie uns von ihrer sorgsam gepflegten Aubergine erzählte, die Teil von ihr sei und deren Teil sie sei. Ich erinnere mich an die Selbstverständlichkeit, mit der sie diese innige Verbundenheit mit der Pflanze ausführte. Und trotzdem war diese Verbundenheit, von der sie so natürlich sprach, für mich schwierig nachzuvollziehen. Als hätte sie meine Gedanken erraten, sagt Hoo Nam Seelmann: »Das Ziel der Meditation des Zen-Buddhismus ist, diese Differenz zwischen mir und der Welt ganz aufzuheben. Doch je stärker das Ich ist, desto schwerer gelingt dies. Die Tempelküche kann man wohl nur verstehen, wenn man lebt wie die *Biguni* und *Bigun,* wenn man jahrzehntelange Übung in Meditation hat und die buddhistischen Schriften kennt – und sich dadurch in Natur und Religion eingebettet fühlt.«

Die heilige Kiefer heisst »Ohr, das in den Himmel hört« (Naksansa-Tempel).

Beziehungen sind die Grundlage des Lebendigen

Das Problem sei, dass man alles über das Reisgenom wisse, aber nichts über den Boden, in dem der Reis wachse, bemerkte vor ein paar Jahren Hans Herren, Träger des Welternährungspreises und des Alternativen Nobelpreises. Auch wenn die Forschung Fortschritte gemacht hat, sind heute noch immer weit über 90 Prozent aller Bakterien im Boden nicht bekannt.

Wir beginnen erst zu erahnen, wie vielschichtig das WWW – das Wood Wide Web – funktioniert und wie zentral das unterirdische Netz für Bäume und Pflanzen ist. Jeder Baum, jede Pflanze, auch jede Kulturpflanze bildet intime Partnerschaften mit Millionen von Kleinstlebewesen und Pilzen, mit anderen Pflanzen und auch mit Tieren, und das seit vielen Millionen Jahren.

Faszinierend ist auch die Forschung über die Pflanzenkommunikation. Eine Tabakpflanze, die nicht riechen kann, wird schnell aufgefressen. Sie kann keine Duftstoffe entschlüsseln, versteht die Sprache der Pflanzenwelt nicht. Sie ist quasi »taub«. Es könnte sein, dass Pflanzen mehr als wir Menschen auf Kommunikation und Vernetzung angewiesen sind, denn sie können bei Gefahr nicht einfach davonlaufen. Auch Tiere sind eng mit ihrer Umwelt verbunden: Eine Kuh auf der Alp weiss offenbar, welches Kraut ihr gut bekommt, wenn sie Blähungen hat oder an Darmparasiten leidet.

Das neue Wissen über die Netzsysteme und die Komplexität von Tieren, Pflanzen oder Kleinstlebewesen zeigt aber auch, wie grob die industrielle Landwirtschaft eigentlich ist. Sie beruht auf veralteten Modellen, deren negative Nebenwirkungen immer deutlicher zutage treten. Weltweit ging in den letzten Jahrzehnten ein Drittel des fruchtbaren Bodens verloren, zum Beispiel durch Erosion, Ausschwemmung, Verdichtung oder Vergiftung. Ein Drittel! Die Entschlüsselung des Reisgenoms hat aber bisher nicht sehr viel gebracht ausser Patenten für die Agrochemie.

Ein Umdenken ist nötig, weg von der Manipulation des Reisgenoms hin zum grossen Ganzen: Wir sollten uns um unseren Boden kümmern, um den Erhalt der Vielfalt an Pflanzen, Insekten, Bienen, Würmern oder Vögeln, um ökologische und ökonomische Kreisläufe. Es gibt viele innovative Initiativen in diese Richtung, und viele davon rentieren auch. Ein ziemlich überraschendes Beispiel: Eine Untersuchung[170] der eidgenössischen Forschungsanstalt Agroscope von 2018 zeigt, dass es – zumindest in der Schweiz – profitabler ist, Milchkühe nicht mit viel Kraftfutter zu ernähren, sondern hauptsächlich mit Gras und Heu zu füttern. Die Bauern sparen Kosten für Kraftfutter, Tierarzt, Gebäude und Arbeit. Ihr Stundenlohn steigt markant an. Und: Es geht den Tieren auf der Weide gut.

Bei den Projekten, die wir besucht haben, spielen auch die sozialen Netze eine grosse Rolle. Alle streben sie faire Partnerschaften zwischen Bauernfamilien und den Konsumentinnen und Konsumenten an.

»Das Vogelgezwitscher kommt ins Ohr zum Hören«, sagt man in Südkorea und meint damit, dass man einen Vogel pfeifen hört. Es scheint, dass die Koreanerinnen und Koreaner intuitiv viel über das Eingebundensein in natürliche und soziale Netze wissen. Es ist vielleicht kein Zufall, dass das weltweit grösste Projekt einer solidarischen Biolandwirtschaft in Südkorea liegt.

Münchenstein und Zürich, August 2018

ANMERKUNGEN, WEITERE BEISPIELE, ERGÄNZUNGEN

1 Gagliano M. et al. 2017.

2 Koechlin F. und Battaglia D. 2012, S. 13–23.

3 Weisses Rauschen ist ein Rauschen mit einem konstanten Leistungsdichte-Spektrum.

4 López-Ribera I. und Vicient C. M. 2017.

5 Östberg J. et al. 2012.

6 Übersicht: Jung J. et al. 2018.

7 Übersicht: Mishra R. C. et al. 2016.

8 Choi B. et al. 2017.

9 Kim J.-Y. et al. 2015.

10 Appel H. M. und Cocroft R. B. 2014.

11 Es scheint eine pflanzliche Grundsprache zu geben, und dazu kommen viele »Dialekte«, die für jede Pflanzenart charakteristisch sind. Die »Dialekte« ergeben sich aus der leicht unterschiedlichen Rezeptur der chemischen Duftmoleküle.

12 Die Duftstoffe, die Pflanzen zur Kommunikation benutzen, lassen sich drei grossen Klassen chemischer Verbindungen zuordnen: Terpene, Acerogenine und aromatische Verbindungen. Dabei bilden die Terpene die grösste Gruppe. Schulze B. et al. 2006.

13 Beispiel Wüsten-Salbei: Ein Team um Kaori Shiojiri von der Universität Kyoto fand vier Duftstoffvarianten, mit denen Wüsten-Salbei-Pflanzen einander warnen: 1,8-Cineol, Beta-Caryophyllen, Alpha-Pinen und Borneol. Wüsten-Salbei-Zweige, die mit diesen Duftstoffen besprüht wurden, erlitten weniger Verletzungen als die Zweige von Kontrollpflanzen. Shiojiri K. et al. 2015.

14 Pflanzen-Bestäuber-Netzwerke: je mehr, desto besser

Wie wichtig die Duftstoffkommunikation mit Bestäubern ist, zeigte 2016 eine grosse Studie, die in der renommierten Zeitschrift *Science* erschien. 35 Forscherinnen und Forscher hatten in 344 Feldern in Afrika, Lateinamerika und Asien untersucht, wie sich die Anzahl und die Vielfalt der bestäubenden Insekten auf den Ertrag der Kulturen auswirken. Ihr Fazit: Es spielt eine sehr grosse Rolle. Je mehr bestäubende Insekten und je grösser ihre Vielfalt, desto höher die Erträge der Pflanzen. Blumenstreifen, Hecken, mehr Nistplätze oder benachbarte Wildhabitate können den Ertrag speziell von kleinen Flächen im Durchschnitt um 24 Prozent erhöhen. Die »Blumenbesucherdichte« (also die Anzahl bestäubender Insekten pro Blume) ist aber gemäss neuen Studien zunehmend gefährdet – und sie wurde bisher in der Wissenschaft komplett vernachlässigt. Garibaldi L. A. et al. 2016.

15 Koechlin F. 2005, S. 79–95.

16 Einige weitere Beispiele: *Akazienbäume,* die von Giraffen angegriffen werden, senden den Duftstoff Äthylen aus. Die Nachbarinnen riechen das Äthylen, sind gewarnt und beginnen mit der Abwehr. Sie lagern Bitterstoffe (Tannine) in ihren Blättern, die den Giraffen Bauchschmerzen verursachen.

Limabohnen, die von Frassfeinden angegriffen werden, beginnen sich zu wehren und senden einen Duftstoff aus, der ihre Nachbarinnen warnt. Diese beginnen ebenfalls, sich zu wehren. Etwas später sendet die Limabohne SOS-Duftstoffe aus, um Nützlinge anzulocken. Interessant ist, dass die Limabohne nicht nur weiss, *dass* sie angegriffen wird, sondern auch *von wem.* Wird sie von Spinnmilben attackiert, lockt sie mit Duftstoffen Raubmilben an, welche die Spinnmilben vertilgen. Frisst hingegen eine Raupe an ihr, produziert sie einen etwas anderen Duftstoffcocktail, um Schlupfwespen anzuziehen, welche die Raupen parasitieren. Koechlin F. 2016, S. 15–21.

Die *Kletternde Leuchterblume (Ceropegia sandersonii)* lockt mit Duftstoffen, die nach verletzter Biene riechen, und täuscht damit die *Desmometopa*-Fliege. Diese Fliege – ein sogenannter Kleptoparasit – ernährt sich gern von Bienen, die von Spinnen attackiert und gefressen werden. Die Fliege wird von der Pflanze mit Duftstoffen in eine Falle gelockt und von ihr als Bestäuber missbraucht. Eine wehrlose Biene findet die Fliege in der Falle allerdings nicht. Heiduk A. et al. 2016.

Kojotentabak: Wie sehr der wilde Kojotentabak *(Nicotiana attenuata)* im Grossen Becken in den USA auf die Duftstoffkommunikation angewiesen ist, zeigte ein Team um Ian Baldwin vom Max-Planck-Institut für chemische Ökologie in Jena. Sie züchteten Tabakpflanzen, die nicht mehr riechen konnten. Die Pflanzen waren also für Gerüche »taub«. Die Forscher setzten diese Pflanzen zwischen wilde Tabakpflanzen. Innerhalb weniger Tage wurden die »tauben« Pflanzen förmlich von Schädlingen überfallen und gefressen, ihre riechenden Nachbarinnen hingegen waren wohlauf. Kommunikation ist für den Kojotentabak – und für die meisten, wahrscheinlich für alle Pflanzen – überlebenswichtig. Koechlin F. 2016, S. 37–42.

17 Seit über 5000 Jahren sind Ulmen eng mit uns Menschen verbunden. Früher brauchten Menschen das wertvolle Ulmenholz für den Schiffbau und für Möbel, die Blätter waren gutes Viehfutter. In Notzeiten dienten Rinde und Blätter auch dem Menschen als Nahrung, und Rindenextrakte helfen offenbar gegen Halsschmerzen und andere Beschwerden.

18 Austel N. et al. 2015.

19 Die Duftstoffe wurden mit einer gekoppelten Gaschromatographie-Massenspektrometrie analysiert. Dabei dient der Gaschromatograph zur Auftrennung der verschiedenen Duftstoffe und das Massenspektrometer zur Identifizierung der einzelnen Komponenten.

20 Manchmal enthalten die Blatthaare auch Abwehrproteine und Toxine gegen die Angreifer.

21 Toxische Verbindungen sind z. B.: Wasserstoffperoxide, Terpenoide und Flavonoide. Verdauungshemmende Stoffe: phenolische Verbindungen. Mikrobiell wirkende Abwehrstoffe: Chitinasen oder Mansonone lösen den Chitinpanzer auf; Scopoletine, Terpenoide, Phenolsäuren, Flavonoide, Phytoalexine sind toxisch.

22 Der Schlauchpilz gehört zur Gattung *Ophiostoma.*

23 Koechlin F. 2016, S. 27–31.

24 Pflanzen kommunizieren nicht nur mit Duftstoffen, sondern zum Beispiel auch mit elektrischen Signalen: Ein Team um Daniel Robert von der Universität Bristol untersuchte den Informationsaustausch mit elektrostatischen Signalen. Verschiedene Blüten und vor allem verschiedene Teile derselben Blüte senden unterschiedliche elektrische Signale aus. So hat das Team verschiedene Blüten mit elektrostatisch aufgeladenem farbigem Pulver bestäubt. Es erschienen neue Muster, je nachdem, wo sich wegen der pflanzlichen Elektrostatik mehr Pulver angesammelt hatte. Das sind für Bienen, Hummeln und Insekten wahrscheinlich wichtige Wegweiser. Damit könne eine Pflanze wohl auch über den Stand ihrer wertvollen Nektar- und Pollenreserven informieren. Bei einem anderen Versuch setzte das Team Erdhummeln vor künstliche Blumen. Ein Teil dieser Attrappen war elektrisch geladen und

enthielt eine schmackhafte Zuckerlösung. Die Hummeln lernten schnell, diese Elektroblumen von den optisch identischen, aber ungeladenen Imitaten zu unterscheiden. Elektrische Signale als Kommunikationsmittel – die Forschung ist noch ganz am Anfang. Clarke D. et al. 2017.

25 Zaraska M. 2018.

26 Auch nächtliches Kunstlicht stört Pflanzen und Bestäuber
In den letzten 20 Jahren hat die nächtliche Lichtemission um rund 70 Prozent zugenommen. Dieses künstliche Licht stört nachtaktive Insekten beim Bestäuben, wie ein Team um Eva Knop von der Universität Bern zeigen konnte. Es beleuchtete Flächen in einigen vergleichsweise dunklen Gebieten der Berner Voralpen mit Standard-LED-Strassenlaternen. In der Folge wurden diese Flächen von 62 Prozent weniger Nachtbestäubern besucht. Die Pflanzen produzieren auch weniger Samen und Früchte. Knop E. et al. 2017.

27 Zaraska M. 2018.

28 Limonen gehört zur Gruppe der Monoterpene.

29 Blande J. D. et al. 2011.

30 Zürcher E. 2016, S. 62.

31 Ruckli R. et al. 2014. Neophyten sind Pflanzen, die sich in einem Gebiet etabliert haben, in dem sie vorher nicht heimisch waren. Als zeitliche Grenze gilt die Entdeckung Amerikas durch Kolumbus (1492), weil sie den Beginn eines intensiven Austauschs von Lebewesen zwischen Europa und Amerika markiert. Rosskastanien, Tomaten oder Kartoffeln sind demnach Neophyten. Hans-Peter Rusterholz sagt: »Wenn Sie im Obi Pflanzen für den Garten oder den Balkon kaufen, sind dies zu über 90 Prozent nichteinheimische Arten, also Neophyten.« Nur ganz wenige bereiten grosse Probleme. Zu diesen »invasiven Neophyten« gehören neben dem rosablühenden Drüsigen Springkraut auch die Goldrute oder der Riesenbärenklau.

32 Es gibt zwei Hauptformen von Mykorrhizapilzen: Ein Grossteil unserer Waldbäume lebt mit *Ektomykorrhizapilzen* zusammen. Diese umspinnen mit ihren Pilzfäden die Wurzeln mit einem dichten Netz. Die meisten einheimischen Krautpflanzen leben in Symbiose mit *Endomykorrhizapilzen*. Diese wachsen in die Wurzelzellen hinein.

33 Koechlin F. 2016, S. 75–91.

34 »Das unterirdische Internet der Pflanzengemeinschaften«
Tomatenpflanzen tauschen durch das Mykorrhizanetz auch Informationen aus, sie warnen sich über das Netz zum Beispiel vor einem drohenden Mehltaubefall, wie Ren Sen Zeng und seine Kollegen von der Südchinesischen Landwirtschaftsuniversität in Guangzhou zeigten. Die vorgewarnten Pflanzen waren deutlich besser gewappnet und hatten mildere Symptome. Das Experiment: Ren Sen Zeng und sein Team zogen jeweils zwei Tomatenpflanzen in einem Topf auf, einige mit und einige ohne Mykorrhizapilze. Auf eine Pflanze sprühten sie einen Schimmelpilz *(Alternaria solani).* 65 Stunden später infizierten sie die zweite Pflanze und beobachteten, wie sie mit dem Erreger zurechtkam. Alle Tomatenpflanzen waren in luftdichte Tüten eingepackt, um zu verhindern, dass sich die Tomaten via Duftstoffe in der Luft gegenseitig warnen konnten. Das Resultat war eindeutig: Die Tomatenpflanzen mit Mykorrhizanetzen entwickelten weniger oft Krankheitssymptome, und wenn, dann waren diese schwächer ausgeprägt. Sie hatten häufiger und schneller Verteidigungsgene und -enzyme aktiviert. Offenbar hatten die verletzten Tomaten via Mykorrhizen ihre Nachbarinnen gewarnt, so dass sich diese besser wehren konnten. Die unterirdischen Pilzgeflechte, meinen die Forscher, könnten als Verteidigungsnetzwerke in Pflanzengemeinschaften dienen. Ren Sen Zeng nennt das Mykorrhizanetz das »Internet der Pflanzengemeinschaften«. Wie diese Kommunikation funktioniert, welche Signalstoffe die Pilze und Tomatenpflanzen dazu benutzen, weiss man noch nicht. Song Y. Y. et al. 2010.

35 Mykorrhizapilze helfen Lulo
Lulo oder Naranjilla *(Solanum quitoense)* ist eine in Ecuador, Kolumbien und Zentralamerika beliebte Frucht. Sie trägt grosse orange Beeren mit einem grünlichen Fruchtfleisch. Ihr Anbau schafft aber grosse Probleme: Die Frucht ist sehr anfällig für Krankheiten und muss mit viel Pestiziden und Kunstdünger behandelt werden. Dadurch verursacht sie auch Bodenerosion. Forscher haben in Testfeldern den Pflanzen Mykorrhizapilze und Erde aus einheimischen Permakulturgärten (die viele Mikroorganismen enthält) beigemischt. Mit grossem Erfolg: Die Lulo waren resistenter, wuchsen stärker und konnten besser Nährstoffe aus dem Boden akquirieren. Symanczik S. et al. 2017.

36 Gorzelak M. A. et al. 2015; Simard S. W. 2018.

37 Waltert B. et al. 2002.

38 Eidgenössische Forschungsanstalt für Wald, Schnee und Landschaft WSL 2013.

39 Teste F. P. et al. 2009.

40 Bürki-Spycher H.-M. 2016.

41 Schütz L. et al. 2018.

42 Zürcher E. 2016, S. 62.

43 Darwin C. 1983. Das Buch stiess auf grosses Interesse: Schon einen Monat nach der Publikation waren 3500 Exemplare verkauft, ein Jahr später war es in vier Sprachen übersetzt (Russisch, Französisch, Italienisch und Deutsch). Die Kritiker lobten unter anderem die verständliche Sprache und die fesselnden Beschreibungen. Es gab aber Wissenschaftler, die Darwins These, wonach der Regenwurm die Pflanzenwurzeln *nicht* schädige, nicht glauben konnten. Einer war der bekannte deutsche Agrarwissenschaftler Ewald Wollny, der experimentell beweisen wollte, dass die Würmer die Pflanzen eben doch schädigen. Im Jahre 1890 musste er aber eingestehen: »In keinem einzigen Versuch hatten die Pflanzen durch die Würmer irgendwelche Beschädigungen erlitten.«

44 Darwin beobachtete, dass der Wurm bei der Entleerung die Masse nicht »unterschiedslos auf irgendeine Seite hingeworfen, sondern mit ziemlicher Sorgfalt zuerst nach der einen Seite und dann nach einer anderen« legte.

45 Pro Jahr produzieren die Regenwürmer auf einem Hektar regenwurmfreundlicher Fläche zwischen 40 und 100 Tonnen dieser wertvollen Wurmlosung.

46 Studien zeigen zum Beispiel, dass der Regenwurm damit das Wachstum und die Ausbreitung von Nutzorganismen wie Fadenwürmern oder Pilzen im Boden fördert, die die Larven von Bodenschädlingen vernichten. Shapiro-Ilan D. I. und Brown I. 2013.

47 S. auch Pfiffner L. 2014.

48 Der Tauwurm, der bis zu 30 Zentimeter lang werden kann, kann sich durch das alternierende Strecken und Zusammenziehen der einzelnen Muskeln in den rund 150 Körpersegmenten nicht nur vor- und rückwärts bewegen, sondern auch breitmachen und so die Erde zur Seite schieben.

49 Regenwürmer besitzen sowohl männliche als auch weibliche Geschlechtsorgane. Sie befruchten sich aber nicht selbst, sondern

suchen sich im Frühsommer oder Herbst einen Partner. Dafür wandern sie von der Tiefe an die Oberfläche, meistens in der Dämmerung oder im Dunkeln, denn die Paarung dauert lange und ist deshalb gefährlich für sie. Geschlechtsreife Regenwürmer erkennt man an einer rötlich verfärbten Verdickung zwischen dem 27. und dem 35. Körpersegment (Gürtel genannt). Die Partner legen sich eng aneinander und sondern über Stunden einen Schleim ab, der sie zusammenklebt. Anschliessend tauschen sie Samenzellen aus, die jeder für sich in der Samentasche im Inneren des Körpers aufbewahrt. Die Würmer trennen sich dann wieder. Erst nach einigen Tagen kommt es zur eigentlichen Befruchtung, die sehr ungewöhnlich ist: Der Regenwurm produziert mit den Drüsenzellen der Gürtelzone eine Art Kokon aus Schleim. Diesen Kokon befördert er dann mit seinen Körperkontraktionen von hinten nach vorn über seinen Kopf hinaus: Im 14. Körpersegment erhält der Kokon eine Eizelle, und beim 9. und 10. Segment kommen die fremden Samenzellen hinzu. Zusätzlich erhält der Kokon eine Eiweissschicht, die der Larve später als Nährstoff dient. Sobald der Kokon den Kopf des Regenwurms passiert hat, verschliesst er sich. Je nach Witterung schlüpft nach etwa 90 Tagen aus dieser Kapsel ein fast vollständig entwickelter Regenwurm. Die für die Fortpflanzung notwendige Gürtelzone entwickelt sich nach ein bis zwei Jahren, erst dann ist er geschlechtsreif. Der Regenwurm paart sich in der Regel nur einmal pro Jahr und produziert dabei fünf bis zehn Kokons.

50 WWF Deutschland (Hg.) 2016; Pfiffner L. 2013.

51 Der rote IP-Suisse-Marienkäfer steht in der Schweiz für Integrierte Produktion. Dabei handelt es sich um eine landwirtschaftliche Produktionsmethode, die nicht ganz auf chemisch-synthetische Dünger und Pflanzenbehandlungsmittel verzichtet, die Auswahl der Mittel und deren Einsatz jedoch einschränkt. Die Integrierte Produktion ist heute für Bäuerinnen und Bauern in der Schweiz eine Voraussetzung, um Direktzahlungen zu erhalten. Bauern, die das IP-Label haben, müssen auf den Feldern auch abwechslungsweise verschiedene Pflanzen anbauen, um die Böden weniger auszulaugen, sie dürfen im Winter die Felder nicht völlig kahlräumen oder umpflügen, damit der Boden nicht erodiert, sie müssen Unkraut grundsätzlich mechanisch bekämpfen, krankheitsresistente Sorten verwenden, nützliche Insekten fördern,

Teile der gesamten Landfläche naturnah belassen und Nutztiere artgerecht halten. Die IP-Richtlinien sind aber weniger streng als in der biologischen Landwirtschaft, insbesondere was den Einsatz von Pestiziden oder Kunstdünger anbelangt.

52 Fliessbach A. et al. 2000, S. 11.

53 Biologisch bewirtschaftete Böden enthalten bis zu 59 Prozent mehr Biomasse aus Mikroorganismen. Zudem sind die Mikroorganismen bis zu 84 Prozent aktiver als in Böden, die konventionell bewirtschaftet werden. Zu diesem Schluss kommt eine in der Fachzeitschrift *PLoS One* veröffentlichte Metastudie des FiBL, die 57 internationale Publikationen berücksichtigte. Die Studie ergab zudem, dass der Stoffwechsel der Mikroben in Bioböden aktiver ist. Dadurch könnten Mikroben organische Substanzen wie Kompost schneller in Nährstoffe umsetzen, welche die Pflanzen aufnehmen. Lori M. et al. 2017.

54 WWF Deutschland (Hg.) 2016.

55 WWF Deutschland (Hg.) 2016; Pfiffner L. 2013.

56 Gaupp-Berghausen M. et al. 2015.

57 Tresch S. und Pfiffner L. 2017, S. 19.

58 Leiber F. 2006.

59 Die Omega-3-Fettsäuren scheinen entzündungshemmend zu wirken und vor Hirn- und Herzinfarkten zu schützen. Eine der wichtigsten Grundformen der Omega-3-Fettsäuren ist die sogenannte *alpha*-Linolensäure – sie kommt nur in Pflanzen vor, kein tierisches Lebewesen kann sie selbst herstellen. Wir können sie aber aus Pflanzen aufnehmen und dann in komplexere Fettsäuren verwandeln, die wiederum wichtig sind für Blutdruck, Muskulatur, Herzfrequenz und vieles mehr. »Wir können aus etwas Simplem etwas Komplexes machen, aber das Simple brauchen wir dazu zwingend«, bringt es Florian Leiber auf den Punkt. Wir alle brauchen *alpha*-Linolensäure.

60 Leiber F. 2014.

61 Pflanzen sind verwurzelt, sie können sich nicht fortbewegen. Dafür bilden sie eine grosse Anzahl sekundärer Pflanzenstoffe – mehr als 100 000. Sekundäre Pflanzenstoffe sind chemische Verbindungen, die Pflanzen weder für den Energiestoffwechsel noch den allgemeinen Stoffwechsel gebrauchen. Sie geben den Pflanzen Geschmack, Duft und Farbe, sie dienen dem Schutz vor Frassfeinden, locken Nützlinge an, schützen vor Dürre oder UV-Strahlung etc.

62 Provenza F. D. et al. 2015.

63 Gazzarin C. et al. 2018; Gazzarin C. et al. 2011.

64 Das soll gemäss Initiativtext ebenfalls für Zuchtstiere, Ziegen und Zuchtziegenböcke gelten.

65 Die nationalrätliche Wirtschaftskommission WAK hatte sich zunächst für einen valablen Gegenvorschlag ausgesprochen, was in der Wirtschaftskommission des Ständerats indes auf Ablehnung stiess.

66 Wie Hörner die Wärme regulieren können: In tropischen und heissen Gegenden tragen Weidetiere oft sehr lange, vertikal nach oben ragende Hörner. Beispiele sind die Bororo-Rinder in der Sahelzone, tropische Säbelantilopen oder Roan-Antilopen. Studien aus Kanada legen nahe, dass diese Hörner eine starke abkühlende Wirkung haben, speziell nach einer körperlichen Anstrengung. Die Hornhülle aus Keratin ist relativ dünn; zwischen dieser Hülle und dem Knochenzapfen dehnt sich ein feines und dichtes Netz von Kapillargefässen bis an die Hornspitze aus. Arterielles Blut gelangt zur Hornbasis und zirkuliert dann durch das Kapillarnetz bis zur Hornspitze und kommt wieder zurück. Wenn die Umgebungstemperatur unter der Temperatur des Blutes liegt, kann so viel Wärme an die Umgebung abgegeben werden. Das Blut kühlt ab. Dazu komme, schreiben die Wissenschaftler, dass auf Bodennähe gleich über der Vegetation, dort wo das Tier grast, oft Windstille herrscht, während sich die Luftströme oberhalb befinden. Die Hörner ragen in diese Luftströme und kühlen zusätzlich ab. In kalten Regionen hingegen sind die Rinderhörner oft kürzer, der Keratinmantel ist dicker, und die Kapillargefässe reichen nicht bis zur Spitze. Die Hörner sind zudem oft nach unten gekrümmt oder liegen mehr am Kopf an. Beispiele sind das Dickhornschaf oder das Dallschaf. So kann der Wärmeverlust durch die Hörner auf ein Minimum beschränkt werden. Picard K. et al. 1999.

67 »Der Platzbedarf eines einzelnen Tieres wird wesentlich dadurch bestimmt, ob es Hörner besitzt oder nicht. Bei horntragenden Tieren liegt die Distanz, die das rangtiefere Herdenmitglied zum ranghöheren einhält, zwischen einem und drei Metern, bei hornlosen Tieren liegt sie hingegen höchstens bei einem Meter. Diesen Raum, der jedes Tier wie eine Blase umgibt, nennt man Individualdistanz« (Spengler Neff A. et al. 2016, S. 11). Wird dieser Ab-

stand unterschritten, kommt es häufig zur Flucht des rangniedrigeren Tieres oder zu aggressiven Auseinandersetzungen.

68 Die Gestaltung des Laufstalls kann ebenfalls viel dazu beitragen, Verletzungen zu vermeiden und ein ruhiges Zusammenleben der Kuhherde zu fördern. Wichtig ist beispielsweise eine gute Übersichtlichkeit und die klare Gliederung des Laufstalls in Fress- und Ruhegebiet. Leckstein, Tränken, Viehbürsten sollen optimal zugänglich, sprich von mindestens drei Seiten her erreichbar sein, mit einem Freiraum von drei Metern. Sie sollen nicht direkt nebeneinanderstehen. Spengler Neff A. et al. 2016.
Auch bei Ziegen kann die Gestaltung der Ställe helfen, dass es keine Verletzungen gibt. Artgerechte Ställe sollen so gebaut sein, dass Ziegen immer eine Übersicht und einen Platz zum Ausweichen haben. Erhöhte Podeste und Regalbretter an den Wänden bieten individuelle Rückzugsorte. Waiblinger S. et al. 2010.

69 Spadavecchia C. und Casoni D. 2016.

70 Noch problematischer ist das Enthornen von Zicklein. Ihr Kopf ist viel kleiner als derjenige von Kälbern, doch ihre Hornansätze sind etwa gleich gross. Die Wunde ist im Verhältnis zum Kalb grösser, das Enthornen so nahe dem Gehirn riskant. In der Schweiz müssen Zicklein narkotisiert werden, was aber auch zu gesundheitlichen Problemen führen kann.

71 Oester K. 1993.

72 Mark C. Eisler, Michael R. F. Lee und Kollegen schreiben in der Fachzeitschrift *Nature:* »Die eine Milliarde Tonnen Weizen, Gerste, Hafer, Roggen, Mais, Sorghum und Hirse, die jedes Jahr in die Tröge von Nutztieren geschüttet werden, könnten rund 3,5 Milliarden Menschen ernähren.« Und später: »Etwa 70 Prozent des in Industriestaaten verbrauchten Getreides werden an Tiere verfüttert. Nutztiere konsumieren etwa ein Drittel oder mehr des weltweiten Getreides, davon gehen 40 Prozent an Wiederkäuer, hauptsächlich Rinder« (Eisler M. C. et al. 2014). S. auch Leiber F. et al. 2014.

73 Spengler Neff A. et al. 2016, S. 7.

74 Spengler Neff A. et al. 2016, S. 10.

75 Spengler Neff A. et al. 2016, S. 13.

76 Von Andreas Brenner sind unter anderem erschienen: WirtschaftsEthik. Das Lehr- und Lesebuch. Würzburg: Königshausen & Neumann 2018; UmweltEthik. Ein Lehr- und Lesebuch. Würzburg:

Königshausen & Neumann 2014; Leben (Grundwissen Philosophie). Stuttgart: Reclam 2009; Bioethik und Biophänomen. Den Leib zur Sprache bringen. Würzburg: Königshausen & Neumann 2006; (Hg.). Tiere beschreiben. Erlangen: Harald Fischer 2003.

77 Die Schweiz hat als eines der letzten europäischen Länder den Sachstatus von Tieren aufgehoben. Nachdem der Nationalrat im Jahre 1999 nicht auf zwei parlamentarische Vorstösse eintrat, die den rechtlichen Sachstatus von Tieren aufheben wollten, wurden nur ein paar Monate später zwei Volksinitiativen eingereicht, die dieses Ziel auf der Verfassungsebene ein für allemal verankern wollten. Da ging es plötzlich schnell: Der Bundesrat legte einen Gegenvorschlag vor, der den Sachstatus auf Gesetzesebene aufheben und dem »Tier im Grundsatz eine Rechtsposition« einräumen wollte, »welche seine Existenz als empfindungs- und leidensfähiges Lebewesen berücksichtigt«, wie der Bundesrat in seiner Botschaft schrieb. Die Initianten zogen ihre Initiativen zurück, die neue Rechtsordnung trat per 1. April 2003 in Kraft. In Deutschland waren Tiere bis 1990 und in Österreich bis 1988 Sachen.

78 Die Bestrafung von Tieren ist bereits im Alten Testament festgehalten. Im 2. Buch Mose steht: »Wenn ein Rind einen Mann oder eine Frau stösst, dass sie sterben, so soll man das Rind steinigen und sein Fleisch nicht essen; aber der Besitzer des Rindes soll nicht bestraft werden« (2 Mose 21,28).

79 Ovid schreibt: »Er starb, sank ins Wasser und gelangte in die Unterwelt. Es klagten um ihn seine Schwestern (…). Schon bereiteten sie den Scheiterhaufen vor, Fackeln, um sie zu schwingen, und die Totenbahre: Da war der Leib nirgends mehr« (Ovid 1994, Drittes Buch, S. 161). Er war nur noch eine Narzisse.

80 Ovid schreibt: »Die Fliehende spürt ihn schon unmittelbar im Rücken, und sein Hauch streift ihr Haar, das ihr in den Nacken fällt. Schliesslich versagten ihr die Kräfte, sie erblasste, von der Mühe der raschen Flucht erschöpft, und blickte zu den Wassern des Penëus: ›Vater, komm mir zu Hilfe‹, sprach sie, ›sofern ihr Flüsse göttliche Macht besitzt! Zerstöre durch eine Verwandlung diese Gestalt, in der ich allzusehr gefiel!‹ Kaum hatte sie das Gebet beendet, da kommt über ihre Glieder eine lastende Starre. Um die zarte Brust legt sich ein dünner Bast. Das Haar wächst sich zu Laub aus, die Arme zu Ästen; der eben noch so flinke Fuss haf-

tet in zähen Wurzeln, das Gesicht hat der Wipfel verschlungen« (Ovid 1994, Erstes Buch, S. 45 und 47).

81 Ovid schreibt: »Kein Ding behält seine eigene Erscheinung, und die ewig schöpferische Natur lässt eine neue Gestalt aus der alten hervorgehen, und – glaubt mir! – in der ganzen Welt geht nichts zugrunde, sondern es wandelt sich und erneuert sein Gesicht« (Ovid 1994, Fünfzehntes Buch, S. 823).

82 Blumenuhr von Carl von Linné –
Pflanzen sehen das Licht und stellen sich darauf ein
Im Botanischen Garten Uppsala legte Carl von Linné (1707–1778), schwedischer Professor für Medizin und Botanik, eine »Flora-Uhr« an. »Tatsächlich ist es ziemlich genau drei Uhr morgens, wenn der Wiesenbocksbart seine gelben Strahlenblätter öffnet. Mittags schliesst er sie wieder – so pünktlich, dass sich früher die Bauern an ihm orientierten, um vom Feld zum Mittagessen aufzubrechen. Um vier Uhr früh wacht die Hundsrose auf; eine Stunde später folgen Kürbisblüte und Klatschmohn; um sechs Uhr klingelt der Wecker von Acker-Gänsedistel und Zaunwinde; um sieben Uhr bei Huflattich, Seerose und Ringelblume. (…) [Um] 15 Uhr (…) schliesst sich die Kürbisblüte und eine Stunde später der Huflattich. Klappte der Sauerklee die Blüten zu, dann nahm im Sommer der Forscher Linné den Fünfuhr-Tee« (Scheppach J. 2009, S. 124f.).

83 Karban R. 2015, S. 31.

84 Rasmann S. et al. 2012. Dem »molekularen Gedächtnis« liegen vermutlich epigenetische Veränderungen zugrunde. *Epi* heisst auf Griechisch »darüber«. Epigenetik ist ein System, das sich »über den Genen« befindet, ein übergeordnetes Informationssystem, mit dessen Hilfe eine Zelle ihre Gene an- und abschalten kann. Dieses An- und Abschalten kann von der Umwelt beeinflusst werden. Interessant ist nun, dass sich auch der Nachwuchs der angegriffenen Tomatenpflanzen schneller und besser gegen Frassfeinde wehren konnte. Auf diesen Nachkommen wurden die Raupen nur halb so gross wie auf solchen, deren Eltern nie von Raupen angefressen worden waren. Daraufhin machten die Wissenschaftler die gleichen Untersuchungen mit einer ganz anderen Pflanze, der Ackerschmalwand *(Arabidopsis thaliana)*. Sie erhielten ähnliche Resultate: Auch die nicht mit der Tomate verwandte Pflanze konnte ihre erlernte Abwehrbereitschaft an die Nachkommen

weitervererben. Sogar die übernächste Generation erinnerte sich an die Lebenserfahrung ihrer Grosseltern und wehrte sich schneller und besser als solche, deren Grosseltern nicht gelernt hatten, sich gegen Frassinsekten zu verteidigen.

Natürlich spielen die Gene bei der Vererbung eine zentrale Rolle. Interessant ist aber, dass epigenetische Einflüsse auch einen Einfluss haben – wie gross deren Rolle wirklich ist, lässt sich noch nicht sagen. Doch immer mehr Beispiele zeigen, dass sich Umwelteinflüsse via eine epigenetische Vererbung manchmal auch im Erbmaterial der nachfolgenden Generationen niederschlagen.

85 Pflanzen erinnern sich und lernen aus Erfahrungen – einige Beispiele:

Wenn *Mais* von Raupen angegriffen wird, beginnt er sich zu wehren. Er erinnert sich mindestens fünf Tage an diesen Angriff und wehrt sich das zweite Mal schneller und besser. Sugimoto K. und Arimura G.-I. 2013.

Birken, die fünf Jahre zuvor von Raupen angegriffen wurden, erinnern sich an dieses Ereignis und können erneute Raupenangriffe besser abwehren als solche, die diese Erfahrungen nicht gemacht haben. Karban R. 2015, S. 37.

Wenn *Roggenpflanzen* einer Temperatur von minus fünf Grad ausgesetzt werden, sterben sie ab. Doch wenn junge Roggenpflanzen vorher bei niedrigen Temperaturen über dem Gefrierpunkt akklimatisiert werden, können sie Temperaturen von bis zu minus dreissig Grad ertragen. Karban R. 2015, S. 40.

Der *Gewöhnliche Glatthafer (Arrhenatherum elatius),* ein in Europa weitverbreitetes Wiesengras, erinnert sich an Dürreerfahrungen und kann sich später besser schützen, wenn er erneut unter Wassermangel leidet. In einem Versuch wurde das Gras im Frühling künstlich einer Dürre ausgesetzt, einmal beschnitten und im Spätsommer wieder trocken gehalten. Die Gräser mit Dürreerfahrung überstanden die zweite Dürreperiode weit besser als die Kontrollgruppe. Walter J. et al. 2011.

Venusfliegenfallen müssen von einem Insekt zweimal innerhalb von 40 Sekunden berührt werden – erst dann schnappen sie zu und fangen ihre Beute. Nach 40 Sekunden wird die Erinnerung an die erste Berührung gelöscht. Karban R. 2015, S. 39.

Eine *Sonnenblume* heisst auf Französisch *tournesol* – »sich mit der Sonne drehen«. Junge Sonnenblumen richten am Morgen ihre

Blütenköpfe immer gegen Osten, der Sonne entgegen. Im Tagesverlauf drehen sie die Blütenköpfe mit der Sonne bis gegen Westen am Abend. Während der Nacht drehen sie die Blütenköpfe wieder nach Osten. Sie nehmen vorweg, dass die Sonne am Morgen wieder im Osten aufgeht. Sie »wissen« das, auch wenn es noch dunkle Nacht ist. Die Pflanzen erinnern sich also daran, dass der Morgen kommen wird. Leopold A. C. 2014.

86 Gagliano M. et al. 2016.

87 Pflanzen wachsen automatisch auf Licht zu (sog. angeborener Phototropismus).

88 Gagliano M. et al. 2014, S. 70.

89 Eine weitere Form des Lernens besteht darin, dass sich ein Lebewesen auf wichtige Informationen konzentriert und alles herausfiltert, was es wiederholt als irrelevant erlebt hat. Unwichtiges zu ignorieren lernen spart viel Energie. Auch das konnte Monica Gagliano bei Pflanzen nachweisen. Sie und ihr Team liessen 60 einzelne Mimosen in kleinen Töpfen über eine Vorrichtung 15 Zentimeter nach unten rutschen. Die Mimosen schlossen sofort ihre Blätter. Doch bereits nach vier bis sechs Abstürzen schlossen sie ihre Blätter nicht mehr. Als hätten sie realisiert, dass ein Absturz keine Gefahr bedeutet. Oder waren die Mimosen ermüdet? Offenbar nicht: Wurden die Pflanzen geschüttelt, schlossen sie die Blätter sofort wieder. Wirklich erstaunlich war, dass sich die kleinen Pflanzen auch nach einem Monat noch an das Experiment erinnerten – sie konnten immer noch unterscheiden, ob ihnen Gefahr drohte oder nicht. Einige lernten schneller als andere. Gagliano M. et al. 2014.

90 Pflanzen unter Narkose –
frappante Ähnlichkeit von Pflanzen, Tieren und Menschen
Menschen und Tiere verlieren unter Narkose das Bewusstsein, sie spüren keinen Schmerz mehr und können sich nicht bewegen. Die elektrische Informationsleitung der Nervenzellen wird unterbrochen. Und Pflanzen? František Baluška von der Universität Bonn und Stefano Mancuso von der Universität Florenz wollten das mit ihren Teams genauer wissen. Sie setzten einige Pflanzen Narkosemitteln aus, die normalerweise für Menschen benutzt werden: Chloroform, Diethylether, Xenongas oder Lidocain. Einige der Pflanzen schlossen sie in Kammern ein und setzten sie den Dämpfen von Diethylether oder Xenongas aus. Bei anderen wuschen die

Forscher die Pflanzenwurzeln und tauchten diese in das Narkosemittel Lidocain. Bei allen Pflanzen und bei allen Narkosemitteln war das Resultat das gleiche: Die getesteten Pflanzen wurden unter Narkose bewegungslos. Narkotisierte Mimosen klappten bei Berührung ihre Blätter nicht mehr zu; Venusfliegenfallen, die normalerweise beim Besuch einer Fliege ihre Fangblätter zuschnappen, blieben regungslos; Erbsenranken wanden sich nicht mehr in die Höhe.

Dass Pflanzen auch mit elektrischen Signalen kommunizieren, ist bekannt. Es funktioniert ähnlich wie die Nervenzellen von Menschen, nur viel langsamer. Elektrophysiologische Messungen ergaben, dass bei Pflanzen unter Narkose diese elektrische Informationsleitung unterbrochen wurde. Sie erholten sich erst nach längerer Zeit wieder. Offenbar ist die Informationsleitung bei Pflanzen so ähnlich, dass sie mit den gleichen Stoffen wie bei Tieren oder Menschen stillgelegt werden kann. Yokawa K. et al. 2017.

91 Auch Raben können vorausschauend für die Zukunft planen. Ein Team um Can Kabadayi von der Universität Lund bot Raben eine Auswahl von Werkzeugen an, von denen nur eines dazu geeignet war, ihnen zu Futter zu verhelfen. Die allermeisten Vögel wählten das richtige Werkzeug aus, selbst wenn die Futterquelle erst am darauffolgenden Tag zugänglich wurde. Sie konnten voraussehen, was ihnen am nächsten Tag den grössten Gewinn versprechen würde. In einem zweiten Versuch sollten sie zwischen verschiedenen »Gutscheinen« wählen. Der eine versprach ihnen eine sofortige Belohnung, der andere eine spätere, dafür aber grössere Belohnung. Eine grosse Mehrheit entschied sich für die zweite Option – die Raben zeigten Selbstkontrolle. Und sie konnten sich vorstellen, was die Zukunft bringen würde. Kabadayi C. und Osvath M. 2017.

92 Preston E. 2017.

93 Einige erstaunliche Tiergeschichten

Schafe erkennen Menschengesichter: Schafe sind soziale Tiere, sie können andere Schafe und auch vertraute Menschen erkennen. Neue Experimente zeigen, dass ihre Fähigkeit, menschliche Gesichter zu erkennen, sehr ausgeprägt ist. Wurden ihnen frontale Fotos von Menschen ein paarmal gezeigt, können sie diese auch in Seitenansicht sehr bald richtig zuordnen. Ihre Gesichtserkennungsfähigkeit sei mit derjenigen von Menschen vergleichbar, meinen die Forscherinnen. Knolle F. et al. 2017.

Einige *Raubvögel* haben offenbar gelernt, Feuer kontrolliert einzusetzen – ein Verhalten, das als für Menschen einzigartig galt. In Australien haben Vogelexperten mehrmals beobachtet, wie Raubvögel bei einem abklingenden Buschfeuer einen brennenden Ast aufnahmen, anderswo fallen liessen und damit einen neuen Buschbrand entfachten. Das scheuchte jeweils versteckte Tiere aus dem Busch – eine leichte Beute für die Raubvögel. Die Vögel hätten dabei nicht zufällig gehandelt, meinten Experten, sondern absichtlich. Sie hätten gezielt neue Brände gelegt, wenn ein Buschfeuer dabei war, auszugehen. Beobachtet wurde dieses Verhalten bisher beim Schwarzmilan *(Milvus migrans),* beim Keilschwanzweih *(Haliastur sphenurus)* und beim Habichtsfalken *(Falco berigora).* Coghlan A. 2018.

Raben überraschen ihre Partner und Partnerinnen immer wieder mit kleinen Geschenken: eine Nuss, Papierschnitzel, Glasstücke, Knöpfe, kleine Knochen und anderes. Sie erinnern sich sogar daran, was ihre Geliebten besonders gernhaben. Manche Raben geben auch Menschen, die sie füttern, kleine Geschenke. Das hatte ein Mädchen in Seattle beobachtet. Mit der Zeit konnte es eine ganze Schachtel mit Rabengeschenken füllen. Wollten die Raben damit ihre Beziehung zu dem Mädchen vertiefen? Coghlan A. 2018. Siehe auch die Episode »Gift giving crows« aus der BBC-Reihe *World's Weirdest Events* (www.youtube.com/watch?v=HWXe7Js6GnI).

Der Wolf und die Biodiversität: Im Yellowstone-Nationalpark in Wyoming wurden 1926 die letzten Wölfe ausgerottet. Seither vermehrten sich vor allem die Wapiti-Hirsche ungehindert, überweideten die Steppen und richteten in den fragilen Ökosystemen grosse Schäden an. 1997 wurden deshalb wieder Wölfe angesiedelt. Die Zahl der Wapitis nahm ab. Die Wölfe töteten einige Hirsche, doch vor allem veränderten sie deren Verhalten. Das Wild begann bestimmte Orte zu meiden: Stellen, an denen sie leicht in die Enge getrieben werden konnten, also Schluchten, Gräben, Senken. An solchen Orten gediehen wieder Weiden, Espen, Erlen und andere Bäume. Kleine Wälder entstanden. Biber fühlten sich wohl, bauten mit Weidezweigen Feuchtbiotope und Teiche. Das bot Lebensräume für Otter, Bisamratten, Enten, Fische, Reptilien und Amphibien. Viele Sing- und Zugvögel fühlten sich wieder heimisch. Die Wölfe erlegten auch Kojoten, die bisher dominanten Jäger. Das wiederum führte zu mehr Kaninchen und Mäusen: bestes Futter für Raubvögel, Wiesel, Füchse, und Dachse. Die Geschichte liesse sich fortsetzen. Die Wölfe dezimierten also nicht nur den Wildbestand, sie formten das ganze Ökosystem des Yellowstone-Nationalparks um und erhöhten die Biodiversität in unerwartetem Ausmass.

94 Jedes Kohlenstoffatom in uns und jedes Wassermolekül war vorher, im Laufe der Evolution, schon unzählige Male in einem anderen Lebewesen, in einem Lorbeer zum Beispiel, einer Narzisse, einer Kuh oder einem Dinosaurier. Und wenn wir einmal nicht mehr sind, so nährt unsere Asche wiederum Pflanzen oder Mikroorganismen. Man könnte auch sagen: Wir sind eine temporäre Anordnung von Materie und Energie. Es hat viele Milliarden Jahre gedauert, es hat viele Metamorphosen gebraucht, bis zusammenkam, was wir heute sind. Und diese Materie und diese Energie werden später wieder in anderen Lebewesen weiterleben. Es sind merkwürdige Reisen durch Zeit und Raum. Metamorphosen eben.

95 S. Koechlin F. 2016, S. 169–179; Koechlin F. et al. 2008.

96 »Grundsätzliches Umdenken ist erforderlich«
Die ehrwürdige Deutsche Akademie der Naturforscher Leopoldina – Nationale Akademie der Wissenschaften – in Halle (Saale) ist die älteste naturwissenschaftlich-medizinische Gelehrtengesellschaft im deutschsprachigen Raum und hat mehr als 1500 Mitglieder. Sie veröffentlichte 2018 ein Diskussionspapier mit überraschend deutlichem Fazit: »Die konventionelle landwirtschaftliche Pflanzenschutzpraxis hat einen Punkt erreicht, an dem wichtige Ökosystemfunktionen und Lebensgrundlagen ernsthaft in Gefahr sind. Bisherige Lösungsansätze sind an ihre Grenzen gekommen, und es besteht dringender Bedarf zu handeln (…). Das kritische Hinterfragen lange akzeptierter Dogmen und Praktiken sowie eine interdisziplinäre Herangehensweise sind hierfür unabdingbar. Insgesamt müssen die vielfältigen Umweltbelastungen durch Pestizide im grösseren Rahmen der europäischen Agrar- und Chemikalienpolitik gesehen und behandelt werden. In beiden Bereichen ist grundsätzliches Umdenken erforderlich. Auch globale Aspekte müssen berücksichtigt werden, z. B. bei

den in grossen Mengen importierten Soja-Futtermitteln, deren Produktion nicht den hiesigen Regularien entspricht und Belastungen mit problematischen und hierzulande verbotenen Pestiziden in unbekannter Höhe mit sich bringen kann. Die intensive, konventionelle Landwirtschaft lässt sich in der heutigen Form aus vielen Gründen nicht langfristig fortführen; ihre Umweltbelastungen (z. B. Nitratbelastung des Grundwassers, Habitatverlust für Vögel und Insekten, Bodenverdichtung, Verlust der biologischen Vielfalt einschliesslich der Diversität von Fruchtpflanzen) sind zu hoch, und dennoch ist der wirtschaftliche Ertrag für viele Landwirte zu niedrig. (...) Die Kombinationswirkungen mehrerer Substanzen (...) werden in der Risikobewertung systematisch ausgeblendet. Dadurch werden die Risiken durch Chemikalien systematisch unterschätzt« (Schäffer A. et al. 2018, S. 45f.).

97 »Grundsätzliches Umdenken ist erforderlich« – einige Beispiele und Zahlen:

1. *Lebensmittel: Weniger als die Hälfte des weltweit produzierten Getreides dient der menschlichen Ernährung.*

Der Teller-Trog-Tank-Konflikt:

Von der weltweiten Getreideproduktion (2,5 Milliarden Tonnen) landeten 2015

43% auf dem Teller,

36% im Trog (Tierfutter),

21% im Tank (als Agrosprit) oder in der industriellen Produktion (FAO 2016, nach Beck A. et al. 2016, S. 4).

Wenn der hohe Fleischkonsum reduziert und weniger Kraftfutter an Tiere verfüttert würde, gäbe es längstens genügend Lebensmittel für neun Milliarden Menschen (so viele könnten es gemäss einer FAO-Schätzung 2050 sein).

2. *Ein Drittel der weltweiten Lebensmittelproduktion geht verloren oder wird verschwendet. Also eine Mahlzeit pro Tag.*

Das sind pro Jahr 1,3 Milliarden Tonnen essbare Lebensmittel. Die Treibhausgasbilanz dieser verschwendeten Lebensmittel wird auf 3,3 Milliarden Tonnen CO_2-Äquivalente geschätzt, die jährlich in die Atmosphäre gelangen. Das gesamte Wasservolumen, das jedes Jahr für die Produktion von verlorenen oder verschwendeten Lebensmitteln gebraucht wird, entspricht dreimal dem Volumen des Genfersees. 1,4 Milliarden Hektar Land – 28 Prozent der weltweiten Landwirtschaftsfläche – werden gebraucht, um

Lebensmittel zu erzeugen, die verschwendet werden oder verlorengehen. FAO 2018.

3. *Bodenerosion:* Durch Bodenerosion gehen weltweit zwanzig Milliarden Tonnen Humus pro Jahr verloren, ein grosser Teil davon in industriellen Monokulturen.

4. *Pestizide in Schweizer Bächen:* Wissenschaftler und Forscherinnen des Wasserforschungsinstituts Eawag der ETH untersuchten 2015 fünf kleine Schweizer Bäche, die durch intensiv betriebene Landwirtschaftsgebiete fliessen. Bächlein machen drei Viertel des Schweizer Gewässernetzes aus, sie sind aber sehr schlecht untersucht. Gemäss ihrer Studie enthielten die getesteten Bächlein über 120 Agrogifte (61 Herbizide, 45 Fungizide, 22 Insektizide) – ein alarmierender Befund. »In 80 Prozent der Proben wurde die Anforderung der Gewässerschutzverordnung von mindestens einem Stoff nicht eingehalten«, schreibt die Eawag. Im Schnitt wurden in jeder Probe aber nicht nur ein, sondern 20 bis 40 Agrogifte gefunden. Selbst Stoffkonzentrationen, die für Lebewesen im Wasser als akut tödlich gelten, wurden überschritten. Tests mit Algen und Bachflohkrebsen ergaben, dass diese Lebewesen in belasteten Bächlein oft starben oder kaum mehr reagierten. Kleine Bäche sind für Wasserlebewesen als Rückzugsorte und als »Kinderstube« extrem wichtig. Stamm C. et al. 2017.

5. *Weltweite Biodiversitätsverluste*

Insekten

Eine deutsche Studie (2017) zeigt: In 63 untersuchten deutschen Naturschutzgebieten sank die Biomasse von Fluginsekten in den letzten 27 Jahren um 76 bis 82 Prozent. Im Hochsommer betrug der Rückgang sogar bis zu 83 Prozent! Hallmann C. A. et al. 2017.

Vögel

Ein europaweites Monitoring häufiger Brutvögel zeigt: »Von den 111 beobachteten (...) Arten nahmen in Europa seit den 1980er Jahren mehr als 40 Prozent in ihrem Bestand ab. Heute gibt es in Europa 421 Millionen weniger Vögel als noch vor 30 Jahren. Rund 90 Prozent dieser horrenden Verluste betreffen die 36 häufigsten Vogelarten, darunter Haussperling, Star und Feldlerche. Letzterer Vogel, Indikatorart für eine intakte Landwirtschaft, deutet es an: Das Gros der Verluste betrifft die agrarischen Arten. Denn allein in der Agrarlandschaft gingen in der EU seit 1980 rund 300 Millionen Brutpaare und damit jeder zweite Vogel verloren« (Börnecke S. 2017, S. 22; s. auch Zellweger-Fischer J. et al. 2018).

Pflanzen

Gemäss FAO sind in den letzten hundert Jahren ca. 75 Prozent aller landwirtschaftlich genutzten Arten und Sorten verschwunden. FAO 2004.

In Indien werden auf 75 Prozent der Reisfelder nur noch 10 Sorten angebaut. Vor der Kolonialisierung durch die Briten sollen es 400 000, bis Mitte des 19. Jahrhunderts noch 30 000 Sorten gewesen sein. Ceccarelli S. 2012.

Wie dramatisch die Reduktion der Agrobiodiversität in Europa und den USA ist, zeigen bereits diese drei Beispiele: In Deutschland ging die Artenvielfalt von Äpfeln seit 1900 um 99,4 Prozent zurück; in den USA sank die Artenvielfalt von Früchten und Gemüsen seit 1990 um 90 Prozent, in Spanien reduzierte sich die Vielfalt der Melonenarten seit 1970 um 97 Prozent. Crop Trust 2014, nach Wirz J. et al. 2017.

Insekten und Pflanzen

»70 Prozent der weltweit meistgehandelten Nahrungspflanzen und 35 Prozent der globalen Nahrungsmittelproduktion sind auf Bestäubung angewiesen. Der Wert dieser Kulturpflanzen für die globale Wirtschaft wurde 2005 auf 153 Milliarden Euro geschätzt, für Deutschland auf 1,6 Milliarden Euro. Doch die Bestäuber schwinden. Das Bienensterben forderte in den USA in den letzten 50 Jahren rund 60 Prozent der Honigbienen-Völker. Europaweit waren es rund 25 Prozent in den letzten 30 Jahren. Noch schlimmer sieht es bei den Wildbestäubern aus, die laut einer britischen Studie rund 60 Prozent Rückgang seit 1980 aufweisen. Dabei spielen diese, wie neuere Untersuchungen zeigen, für eine effektive Bestäubung eine wesentlich grössere Rolle als bisher angenommen« (Börnecke S. 2017, S. 32).

98 Weltagrarbericht: »Weiter wie bisher ist keine Option«

Der von der Weltbank initiierte Weltagrarbericht ist die bisher umfassendste Bewertung heutiger Landwirtschaftssysteme. Über 400 Wissenschaftlerinnen und Wissenschaftler aller Kontinente hatten sich sechs Jahre lang der Frage gewidmet, welche Landwirtschaft, Technologie und Forschung es braucht, um Hunger und Armut langfristig möglichst effizient und kostengünstig zu

bekämpfen sowie den Herausforderungen des Klimawandels zu begegnen.
Das Fazit: »Weiter wie bisher ist keine Option.« Hunger und Armut können nur auf lokaler Ebene nachhaltig bekämpft werden. Die von Kleinbauernfamilien in wenig günstigen Anbaulagen erzielbare Ertragssteigerung übertrifft die Möglichkeiten der industriellen Landwirtschaft um ein Vielfaches. Das erfordert eine Umkehr in der Agrarpolitik und -forschung hin zu einer multifunktionalen Landwirtschaft, die den Erhalt und die Erneuerung der natürlichen Ressourcen und der Artenvielfalt in den Mittelpunkt stellt. Dieses Ziel kann nur in enger Zusammenarbeit mit Kleinbäuerinnen und Kleinbauern erreicht werden.
In der Effizienzanalyse der Experten schnitten praktische Massnahmen erheblich besser ab als Hightechforschung und globale Märkte. So sollen Bildungs- und Kreditmöglichkeiten für Frauen systematisch verbessert, lokale Märkte erschlossen, angepasste und bewährte Techniken verbreitet und das traditionelle Wissen in die Forschung mit einbezogen werden.
Im Bericht wird Gentechnik nicht ausgeschlossen, doch wird ihr Beitrag für die drängenden Probleme der Landwirtschaft als gering eingeschätzt. Patente auf genmanipuliertes Saatgut würden die lokale Züchtung behindern und den Austausch und Verkauf von Saatgut erschweren. Zudem könnten auf die Bauern Haftungsklagen wegen unbeabsichtigter Kontaminationen zukommen.
58 Regierungen, darunter die Schweiz (aber weder Deutschland noch Österreich), unterschrieben den Weltagrarbericht 2008 in Johannesburg.
Informationen: www.weltagrarbericht.de.

99 Agrarökologie
Olivier De Schutter, ehemaliger UNO-Sonderberichterstatter für das Recht auf Nahrung, schreibt: »Es braucht neue, ökologische Landwirtschaftssysteme, die die Natur nachahmen, und nicht industrielle Prozesse; solche, die externe Zusätze wie synthetischen Dünger oder Erdöl ersetzen; Landwirtschaftssysteme, die das Zusammenspiel von Kulturpflanzen, Bäumen und Tieren in ihre Produktion mit einbeziehen und nicht einfach ignorieren. Dazu ist vor allem ein vertieftes Verständnis koevolutionärer Entwicklungen und Zusammenhänge nötig« (De Schutter O. und Cordes K.Y. 2011).

100 Der Biolandbau könnte die Welt ernähren
Eine weltweite Umstellung auf biologischen Landbau könnte neun Milliarden Menschen ernähren (gemäss einer Schätzung der Ernährungs- und Landwirtschaftsorganisation der Vereinten Nationen FAO könnten es 2050 so viele sein). So lautet das Fazit einer Studie des FiBL, die 2017 in der renommierten Fachzeitschrift *Nature Communications* publiziert wurde. Doch die Umstellung auf Bio müsste mit weiteren Massnahmen kombiniert werden: Der hohe Fleischkonsum müsste reduziert und weniger Kraftfutter an Tiere verfüttert werden. Zudem müssten die Verschwendung und die Verluste von Lebensmitteln reduziert werden. Mit diesen Massnahmen könnte die ganze Welt mit Bio ohne zusätzliches Ackerland ernährt werden. Ressourcen würden geschont. Der hohe Pestizideinsatz, die grossen Stickstoffüberschüsse würden reduziert. Muller A. et al. 2017.
Auch der Verzicht auf Agrosprit würde viel zu einer nachhaltigeren Landwirtschaft beitragen. Mais, Soja oder Palmöl gehören nicht in den Tank. Gerade bei Palmöl ist das besonders problematisch: Jährlich werden sieben Millionen Tonnen davon nach Europa importiert. Fast die Hälfte davon landet im Autotank oder wird zur Energieerzeugung eingesetzt. Dafür werden artenreichste Tropenwälder in Malaysia und Indonesien abgebrannt, aus denen 90 Prozent des importierten Palmöls stammen. Le Page M. 2018.

101 Beispiel: Nordseekrabben aus Norwegen werden mit Lastwagen 4000 km nach Marokko gefahren, dort gewaschen, 3000 km zurück nach Deutschland transportiert und dort verkauft.

102 S. auch Gutierrez A. P. et al. 2015 und Soil Association 2017.

103 Heute ist er technischer Leiter des International Cotton Advisory Committee ICAC in Washington.

104 Auch 2017 gab es Verluste in noch nie dagewesener Grösse – rund die Hälfte der gesamten genmanipulierten Baumwollernte Indiens war vom Kapselwurm befallen.

105 Kranthi K. R. 2015.

106 Kranthi K. R. 2016.

107 Kranthi K. R. 2017b.

108 Im Wurzelbereich von Leguminosen leben Rhizobien (Knöllchenbakterien), die Stickstoff aus der Luft in Stickstoffverbindungen umwandeln, die Pflanzen gebrauchen können. Die Pflanzen

ihrerseits bilden in den Wurzeln Knöllchen, in denen sie die Rhizobien beherbergen.

109 Kranthi K. R. 2017b.

110 Indiens durchschnittlicher Baumwollertrag betrug in der Saison 2014/15 510 Kilogramm pro Hektar, während der weltweite Durchschnitt bei 931 Kilogramm lag. In der Türkei zum Beispiel betrug der durchschnittliche Ertrag 1574 kg/ha, obwohl dort weder Hybriden noch genmanipulierte Baumwolle angebaut und auch wenig Pestizide verwendet werden. Kranthi K. R. 2017a.

111 Mehrere Initiativen und Investoren fördern inzwischen eine gute Qualität des Biosaatguts, so Green Cotton Project in Madya Pradesh (www.greencotton.org), Chetna's Seed Guardians Program in Odisha und das Organic and Fair Cotton Secretariat (OFCS). Der Markt für biologische Baumwolle wächst stetig. Gemäss einem Communiqué von Cotton 2040 und Clarence House Sustainable Cotton verpflichten sich 13 grosse Kleidermarken, bis 2025 100 Prozent nachhaltige Baumwolle zu gebrauchen. Aus: Soil Association 2017.

112 2017 hat die Remei AG in Tansania genug gentechfreie Biobaumwolle für ihren Markt produziert.

113 In Deutschland müssen Mastschweine mit einem Gewicht zwischen 50 und 110 Kilogramm eine Fläche von 0,75 Quadratmetern zur Verfügung haben, bei einem Gewicht über 110 Kilogramm ist es ein Quadratmeter.
In der Schweiz sind die Mindestmasse etwas besser: Einem Mastschwein zwischen 85 und 110 Kilogramm werden 0,9 Quadratmeter zugestanden, über 110 Kilogramm 1,65 Quadratmeter. Doch auch in der Schweiz sind Betonböden ohne Einstreu und ohne Auslauf erlaubt.

114 S. Baur P. 2011. Ein weiteres grosses Problem der heutigen industriellen Landwirtschaft ist die komplette Trennung von Viehwirtschaft und Ackerbau. Auf der einen Seite die Massentierhaltung, die intensive Rinder-, Schweine- und Hühnermast. Da fallen viel zu viel Gülle und Methangas an, und für die Tiere ist es eine Quälerei. Auf der anderen Seite sind die industriellen Monokulturen ohne Viehwirtschaft. Dort fehlt die Gülle zur Düngung der Felder.

115 Typisches Verhalten dieser Schafrasse.

116 *Jürg Trionfini,* Kleinbauer, Hotel Wissifluh, Vitznau (Kanton Luzern): »Ich halte unter anderem Rätisches Grauvieh. Sobald die Platz- und Futterverhältnisse es verlangen, wird das zur Schlachtung zu führende Tier von mir ausgesucht. Wenn der Schlachttermin steht, kommt zur normalen Stallarbeit auch eine Art Sterbegedanke mit. Bei jedem Umgang mit dem Auserwählten versuche ich das Tier mit Wort und Berührungen für das Bevorstehende zu sensibilisieren und darauf vorzubereiten. Das Ziel und mein Erfolg bestehen darin, dass mein Zögling ruhig und entspannt zur Schlachtung bereit ist – was in den meisten Fällen gelingt. Ich habe einmal ein zweijähriges männliches Rind mit dem Metzger zusammen aus dem Stall zum Schlachtort geführt. Nach einigen Metern blieb das Rind wie angewurzelt stehen und weigerte sich weiterzugehen. Der Störmetzger, der es am Halfter führte, meinte: ›Oh, der weiss, was auf ihn zukommt.‹ Wir haben keinen Druck ausgeübt. Und der Metzger sagte ganz ruhig, aber bestimmt: ›Komm, mach es dir nicht schwer, wir haben die Entscheidung gefällt.‹ Er hatte den Satz noch nicht zu Ende gesprochen, als das Tier sich entspannte und der Metzger fast erstaunt bemerkte: ›Wow, der hat die Entscheidung angenommen.‹ Es liess sich nachher ruhig mit dem Bolzenschuss töten.«
Noemi Grolimund, Studentin, Landwirtschaftsschule Rheinau (Kanton Zürich): »Ich musste ein krankes Huhn töten und von seinem Leid befreien; es war das erste Mal. Ich habe das Huhn genommen, habe ihm meine und seine Situation erklärt und ihm den Kopf abgehackt. Das Huhn war zwar krank, aber es hätte sicher noch Widerstand leisten können, doch das tat es nicht. Es war ganz ruhig, ruhiger als ich, es war mir, als ob das Huhn mich beruhigt hätte, nicht ich das Huhn. Wir standen einander bei und sind diesen Weg zusammen gegangen.«
Martin Ott, Meisterlandwirt, Rheinau (Kanton Zürich): »Zu Beginn meiner landwirtschaftlichen Karriere vor rund 40 Jahren begleitete ich das erste Mal eine Kuh in die Metzg. Sie hiess Freudi, und ich hatte eine gute Beziehung zu ihr. Ich sagte mir damals: Wenn du das erträgst, dann darfst du weiter Fleisch essen. Noch heute sehe ich es vor mir, spüre ich die Gefühle und Erlebnisse: die Ruhe und die Ergebenheit der Kuh, die wir zur Schlachtbank führten. Der Bolzenapparat wurde von derselben Hand am Kopf angesetzt, die sie jahrelang gemolken hatte. In grossem Vertrauen

lehnte sie sich an den kalten Bolzen an, der sich dann plötzlich mit einem Knall in den Schädel bohrte. Die Kuh fiel auf den Boden wie eine Marionette, der man die Fäden durchschnitt. Später habe ich viele Kühe geschlachtet. Immer habe ich sie darauf vorbereitet, habe versucht, ihnen zu erklären, dass wir zusammen ein sehr schönes Leben hatten und ich ihnen dankbar bin, aber dass wir zu viele Kühe haben, um alle auf unserem Hof füttern zu können. Ich war manchmal sehr traurig, aber das gehört irgendwie dazu, und ich spürte immer, das sei eben mein Beitrag. Meine Tochter Maria konnte früh melken und war gerne im Stall. Sie liebte die Tiere. Sie ass auch gerne Fleisch, sie wollte aber immer wissen, wer das Tier war, das uns das Fleisch geliefert hatte. Eine ihrer Kühe, die sie mit ihren kleinen Händen besonders gut melken konnte, hiess Göldi. Wir mussten sie notschlachten, weil sie eine Strohschnur gefressen hatte, die sich im Magen wie zu einem Steinballen zusammenballte und von innen die Speiseröhre verschloss. Deswegen wurde sie einige Male plötzlich gefährlich gebläht. Maria war etwa vier Jahre alt und wollte auch diesmal wissen, wessen Fleisch auf dem Teller lag. Als ich ihr sagte, das sei nun von Göldi, sagte sie: ›So ein liebes Göldi, sie gab mir die Milch, sie war immer so lieb zu uns, hörte auf ihren Namen und kam folgsam in den Stall, und nun schenkt sie uns noch so gutes Fleisch. Liebes Göldi.‹«

Gerda Steiner & Jörg Lenzlinger, Künstlerduo. Sie haben einen Hühnerhof in Langenbruck (Kanton Basel-Landschaft): »Auch unsere Hühner sind vor dem Tod ruhig. Wir reden mit ihnen wie immer, erklären, was kommt, und bedanken uns auch. Wir wickeln ein Tuch um sie. Wir konzentrieren uns voll und ganz auf die Handlung (ohne sonstigen Gedanken nachzuhängen), auf dass sie präzis ausgeführt wird. Die Hühner sind immer ganz ruhig dabei. Bis der Kopf ab ist. Dann zucken sie wie wild. Wir halten sie aber noch, bis das Zucken vorbeigeht, und hängen sie dann über einen Zuber, um das Blut zu sammeln. Dieses wiederum erhalten dann die Rosen.«

Käthi Brunner, Tierärztin, Münchenstein (Kanton Basel-Landschaft): »Ich muss immer wieder Tiere einschläfern, die uralt oder krank sind. Hunde und Katzen erhalten zuerst eine Narkose und anschliessend eine Überdosis Barbiturate via einen Venenkatheter. Da sind sie in kurzer Zeit tot, ganz ruhig. Ich nehme mir da immer genug Zeit, das ist wichtig. Oft schläfere ich die Tiere bei einem Hausbesuch in ihrer gewohnten Umgebung ein, im Beisein der Angehörigen, auch der Kinder. Das Leben gehört anständig beendet. Das ist unsere Verantwortung. Gar nicht gut finde ich, wenn die geliebten Haustiere bei nahendem Tod der Natur überlassen werden, die es dann richten soll. Letzthin hatte ich so eine alte, kranke ausgesetzte Katze bei mir, bereits voller Maden, aber sie lebte noch.«

Anita Idel, Mediatorin, Tierärztin, Autorin, Feldatal (Hessen): »Die Antwort auf die Frage zum Töten von Tieren ist nicht schwierig. Das wird dir jede und jeder bestätigen, die oder der den Anspruch an sich hat, es dem Tier leichtzumachen: *Alles* liegt im Willen des begleitenden Menschen – und in der Folge in seiner Ausstrahlung: Es ist gut. So muss die Botschaft lauten, ob ich ein Huhn töte oder einen Hund oder ein Rind. Es geht darum, dass das Tier mir vertraut. Das erfordert Empathie und Willen und kostet Energie – und Zeit.«

117 Auch im Schlachthof lässt sich einiges verbessern, um den Stress der Tiere zu mindern: Gänge runden, Lichteffekte und dunkle Stellen in den Treibgängen eliminieren, Sichtschutz, das Schlachthofpersonal schulen, Treibgänge nicht überfüllen.

118 Bei der Legehennenzucht werden männliche Küken kurz nach dem Schlüpfen getötet, weil sie nicht verwendbar sind. Eine Kampagne gegen diese »Brudermorde« fand ich gut, inzwischen weiss ich es nicht mehr: Was ist besser, kurz nach der Geburt zu sterben oder das jämmerliche Leben seiner Schwestern in konventionellen Hühnerbatterien zu fristen, als Hochleistungsmaschinen, die jeden Tag ein Ei legen müssen, von denen rund die Hälfte Knochenbrüche erleidet (wegen Kalziummangels), eingesperrt auf engstem Raum, geschlachtet nach 55 Wochen? Was ist die Bedeutung eines Tierlebens, wenn seine allerwesentlichsten Erfahrungsbereiche nicht mehr zugelassen werden? Ist Leben eine Pflicht? Der Tod ein notwendiges Übel oder ein Privileg?

119 2010 besuchten Denise Battaglia und ich das grosse ägyptische Landwirtschaftsprojekt SEKEM. In der trockenen Wüste schufen die Verantwortlichen – buchstäblich – fruchtbare Oasen, ohne ein Gramm Kunstdünger und natürlich ohne Pestizide: Zuerst bohrten sie nach Wasser, dann pflanzten sie im Kreis um das zukünftige Feld herum robuste Nadelbäume (Kasuarinen). Als nächsten

wichtigen Schritt reicherten sie den Sandboden mit viel Kompost an. Guter Kompost war neben Wasser das Wichtigste. Erst der Kompost machte den Boden fruchtbar und speicherte das Wasser. Für die Kompostproduktion schaffte sich SEKEM eine Wasserbüffelherde (später Kühe aus Deutschland) an. Kuhmist sei für guten Kompost unabdingbar und guter Kompost sei für einen fruchtbaren Humus unabdingbar. Milch, Käse und Fleisch seien zweitrangig, ein »nice to have«, meinten sie. Koechlin F. und Battaglia D. 2012, S. 77–95.

120 Der ehemalige Forstwart Allan Savory aus Simbabwe weiss, dass in früheren Zeiten riesige Wildtierherden – Gazellen, Büffel oder Antilopen – in heute versteppten und öden Gebieten seiner Heimat fruchtbare Weiden vorfanden. Die Herden waren ständig auf Wanderschaft; Raubtiere sorgten durch die Auslese schwacher und kranker Tiere für gesunde Herden. Dieses Beweidungsverhalten der Wildtierherden ahmt das Holistic Management von Allan Savory nach: Grosse Wanderherden – Kühe, Schafe, Ziegen – fressen das spärliche Gras und aufkommende Büsche, düngen den Boden und stampfen ihn vieltausendmal fest. Das schafft ideale Bedingungen für die Keimung von Grassamen. Benötigt wird dafür aber eine sorgfältige, den gegebenen Verhältnissen angepasste Weidehaltung, die garantiert, dass Weiden weder über- noch unternutzt werden. Holistic Management hat weltweit in vielen von Dürre bedrohten Weidegegenden wieder grüne Oasen geschaffen. Die Methode stösst allerdings wegen ihres radikalen Ansatzes in Wissenschaftskreisen auch auf Kritik.

121 Eine Kuh rülpst viel Methangas (CH_4), das 25-mal klimaschädlicher ist als Kohlendioxid (CO_2). Daher kommt ihr Ruf als »Klimakiller«. Doch die höchsten landwirtschaftlichen Emissionen verursacht synthetischer Stickstoffdünger für die Intensivlandwirtschaft und den Anbau von Kraftfutter. Um Kunstdünger herzustellen, ist viel Energie nötig, und wenn dieser Dünger auf den Feldern ausgebracht wird, entweichen pro 100 Tonnen Dünger ein bis drei Tonnen Lachgas (Distickstoffmonoxid, N_2O). Das aber ist laut Klimaforschern 296-mal so gefährlich wie Kohlendioxid.

Die Kuh und ihre wiederkäuenden Verwandten tragen aber auch zum Klimaschutz bei. Weidetiere steigern die Bodenfruchtbarkeit. Je dichter und dauerhafter der Boden bewachsen ist, desto mehr Humus entsteht. Bei einem guten Herden- und Düngemanagement wird also Kohlendioxid aus der Atmosphäre dauerhaft in die Wurzeln unter der Grasnarbe gebunden. Boden ist nach den Ozeanen der grösste Kohlenstoffspeicher der Welt. Das funktioniert aber nur, wenn die Zahl der Nutztiere abnimmt. S. u. a. Idel A. 2012; Fleischatlas 2018; Hörtenhuber S. et al. 2010.

122 Für die Bildung einer ein Meter dicken fruchtbaren Bodenschicht braucht es ca. 10 000 Jahre.

123 Im ganzen Alpenraum wachsen immer mehr Täler zu, weil die Weidetiere fehlen. Vor allem die einheimischen Grünerlen *(Alnus viridis)* bilden ein undurchdringliches Dickicht. Die Erlen können mit Hilfe von Bakterien ihren eigenen »Stickstoffdünger« produzieren. Die Folge: Sie wachsen extrem schnell und überdüngen den Boden. Stickstoffverbindungen (Nitrate) werden in Bäche und Flüsse geschwemmt, wo das für das Klima gefährliche Lachgas entsteht. Wenn das Erlengebüsch überhandnimmt, verschwinden viele Pflanzenarten und mit ihnen Insekten, Bienen und andere Tiere.

Auf dem Furkapass in den Schweizer Alpen haben Forscher und Forscherinnen der Universität Basel eine relativ einfache Lösung gefunden, um überwachsene Täler wieder zu »öffnen«: das Engadinerschaf. »Diese alte Schafrasse hat einen ›Tick‹: Die Tiere schälen gierig die Rinde vom Stamm, so als ob sie ein Digestif nähmen. In Koppelhaltung machen sie den Grünerlenbusch in wenigen Jahren nieder«, schreibt die Forscherin Erika Hiltbrunner. Nun laufen Versuche mit mehr Engadinerschafen in grösseren Gebieten. Hiltbrunner E. 2017.

124 Leiber F. et al. 2017; Stolze M. et al. 2019.

125 Grossarth J. 2012.

126 Safina C. 2017.

127 Interview mit Gorillaforscher Jörg Hess in: Koechlin F. und Battaglia D. 2012, S. 147–158.

128 Der eindrückliche TEDx-Talk unter anderem über die Fairnessstudie mit Kapuzineraffen von Frans de Waal ist hier abrufbar: www.ted.com/talks/frans_de_waal_do_animals_have_morals (Kapuzineraffen ab Minute 12:30).

129 Sachser N. 2018.

130 Fischermann T. 2018.

131 Schweitzer A. 1982, v. a. S. 13–37 und 92–98.

132 Schweitzer A. 1982, S. 93.

133 Solidarische Landwirtschaft: Ein oder auch mehrere Höfe versorgen eine Gruppe von Menschen in der Umgebung mit (meistens biologischen) Lebensmitteln. Alle Beteiligten teilen sich die Ernte und die Verantwortung. Im deutschen Sprachraum ist dieses Konzept als *Solidarische Landwirtschaft* bekannt. International wird oft die Bezeichnung *Community-supported agriculture (CSA)* verwendet. Hintergrundinformationen: www.solidarische-landwirtschaft.org; Dyttrich B. und Hösli G. 2015.

134 Der Jahresumsatz betrug 2016 über 380 Millionen US-Dollar, Tendenz steigend.

135 2016 mussten in Südkorea 26 Millionen Vögel wegen der Vogelgrippe gekeult werden.

136 In Asien, vor allem in China, gibt es die alte Tradition, in Reisfeldern auch Fische zu halten. Die Ernährungs- und Landwirtschaftsorganisation der Vereinten Nationen FAO hat zwei Jahre lang zusammen mit über 30 chinesischen Reis-Fisch-Experten und -Expertinnen in Afrika, Asien und im Südpazifik Feldstudien, Workshops und Schulungskurse durchgeführt – mit grossem Erfolg. Die FAO beschreibt die Vorteile: Fische in Reis-Fisch-Kulturen fressen Unkraut und Schädlinge. Es braucht deshalb weniger Fischfutter – und vor allem auch weniger Pestizide. Fische liefern mit ihrem Kot zudem Gratisdünger für den Reis, und ihre Bewegungen im Wasser helfen, dass der Boden umgewendet und gelockert wird. Das begünstigt die Entwicklung der Wurzeln. In Nigeria konnte mit dem Reis-Fisch-Anbau die Produktion von Reis und dem Fisch Tilapia beinahe verdoppelt werden. Das sei keine Ausnahme, schreibt die FAO weiter. Mit dem Reis-Fisch-Anbau konnten vielerorts die Ernten verdoppelt werden. FAO 2015.

137 Andere Bauern lassen weiterhin Enten im Reisfeld schwimmen – auf Wunsch von Hansalim-Konsumentinnen und -Konsumenten, die für den Entenreis Geld sammeln. Auch Welse werden mancherorts in Reisfeldern gehalten. Auch sie jäten, dezimieren Schädlinge und düngen die Reisfelder mit ihrem Kot. Die Fische sind schmackhaft und in der traditionellen koreanischen Küche sehr beliebt.

138 Die Landwirtschaft Südkoreas ist hoch industrialisiert. Unter den Industrienationen gehört sie zu den Spitzenverbrauchern an Pesti-

ziden und Herbiziden. Die Landflucht ist in Südkorea ein grosses Problem. Sinkende Lebensmittelpreise, vor allem wegen billiger Importe aus dem Ausland, erhöhen den Druck auf die Bauernbetriebe. Südkorea importiert 80 Prozent der Lebensmittel, beim Weizen sind es gar 98 Prozent, beim Reis hingegen nur 10 Prozent. Reis ist die wichtigste Kulturpflanze.

Der Anteil an Biolebensmitteln liegt bei knapp über einem Prozent (in der Schweiz sind es 8,4 Prozent), wächst aber rasant, auch wegen mehrerer Lebensmittelskandale und alarmierender Berichte über erodierte und vergiftete Böden (Korea Organic Farming Association, www.organic.or.kr). Die Regierung implementierte 2016 einen Fünfjahresplan zur Förderung »biofreundlicher Landwirtschaft«. Biologisch hergestellte Lebensmittel seien vor allem in der Zehn-Millionen-Metropole Seoul zu einem Synonym für gesund, gut für Korea, gut fürs Tierwohl, ethisch vertretbar und chic geworden, schreibt kulturkorea.org.

139 Der Zelkovabaum gehört zur Familie der Ulmengewächse.

140 Einen anderen Weg geht die kleine Landwirtschaftsschule Poolmoo, die wir mit Moon Ji-Young besuchen. Ihr Ziel ist, jungen Bäuerinnen und Bauern aus Stadt und Land ein Leben in der Landwirtschaft zu ermöglichen. Die Schule erarbeitet ein Modell, wie mit einem Hektar Land einer Bauernfamilie eine zuverlässige Existenz garantiert werden kann. Dazu ist ein intensiver Gemüseanbau in Folientunnels und eine grosse Vielfalt verschiedenster Gemüse, Kräuter und Früchte nötig. Das sei zwar sehr arbeitsintensiv, meint der Direktor, doch in der Schule solle man vor allem lernen, »wie man ein gutes Leben leben kann«. Extraaufgaben wie die Arbeit mit Menschen mit einer Behinderung oder ein zweites Berufsstandbein seien hilfreich.

141 Bettina Dyttrich, persönliche Mitteilung. Weitere Informationen: www.solawi.ch; Dyttrich B. und Hösli G. 2015.

142 Das Château de la Bourdaisière, das im 14. Jahrhundert als Burg gegen die Angriffe der Engländer erbaut worden war und später in ein Landschloss verwandelt wurde, erwarb Louis Albert de Broglie 1991. Er liess das Schloss restaurieren und in ein Hotel mit 25 Zimmern und vier Appartements umbauen. In der Zeit um Ostern organisiert der Schlossherr für die Bevölkerung seit über 20 Jahren ein Pflanzen- und Eierfest, im September ein Tomatenfestival, und im Oktober 2017 fand erstmals ein Wald- und

Holzfestival statt. Das Schloss wolle für eine neue Schule der Natur und eine neue Lebensweise stehen, steht auf der Website www.labourdaisiere.com. Louis Albert de Broglie sorgt sich seit über zwei Jahrzehnten um die Vielfalt der Tomaten. Mit seinem Konservatorium (Jardin Conservatoire de la Tomate), das er in Partnerschaft mit der Association Kokopelli gründete, die seltenes und traditionelles Saatgut sammelt, will er sie bewahren, indem er sie jedes Jahr anbaut. Der Prinz liebt auch Dahlien, im hinteren Teil des Schlossgartens wachsen über 180 Dahlienarten. Den Beruf als Banker habe er aufgegeben, weil er gemerkt habe, dass tief in ihm ein Gärtner stecke, erzählt er Medien gern.

143 Der Verein Fermes d'Avenir wurde 2013 gegründet und entwickelte eine Reihe von Massnahmen für die Umsetzung seiner Vision in Frankreich. Dabei bildet die Mikrofarm La Bourdaisière den *Schwerpunkt 1:* Mit diesem Pilotbetrieb will der Verein das neue Landwirtschaftsmodell auf seine wirtschaftliche, technische und soziale Tragfähigkeit hin prüfen, Hindernisse ermitteln, um daraus strukturelle und politische Wege zur Verbreitung solcher Betriebe vorschlagen zu können. Die Mikrofarm ist nach den Methoden der Permakultur entworfen worden. Zwei ausgebildete Permakultur-Spezialisten haben die verschiedenen Etappen für die konkrete Gründung solcher Farmen beschrieben. *Schwerpunkt 2:* Die Analysen sollen in Empfehlungen und Schlussfolgerungen des Wissenschafts- und Wirtschaftsausschusses münden, der den Verein in seinen Tätigkeiten begleitet, und dann den lokalen Entscheidungsträgern zukommen. *Schwerpunkt 3:* Mit Rahmenmassnahmen will der Verein das neue Landwirtschaftsmodell bekannt machen. Dazu gehören die Ausbildung von Interessierten, der Aufbau eines landwirtschaftlichen Gymnasiums, die Beratung von Gemeinden, Unternehmen, Grundbesitzern oder Gastronomen, die eigene landwirtschaftliche Betriebe gründen wollen, Feldprojekte, wie jenes der Mikrofarm La Bourdaisière bis hin zu grösseren Initiativen mit drei oder vier Grossbetrieben, oder die Durchführung von Wettbewerben zur Finanzierung von Projekten. Der Verein will auch Forschung betreiben, zum Beispiel zum Thema »Low-Tech in der Landwirtschaft«. Weiter hat der Verein einen Dokumentarfilm mit dem Titel *On a 20 ans pour changer le monde* mitinitiiert (2018; Regie: Hélène Médigue).

144 Zwar gelten die beiden Australier David Holmgren und Bill Mollison als Begründer der modernen Permakultur, wofür sie im Jahre 1981 den Alternativen Nobelpreis erhielten, die Grundidee ist aber viel älter. Schon frühe Kulturen mit grosser Bevölkerungsdichte wandten dieses Prinzip an, zum Beispiel China vor 4000 Jahren, die Griechen, Maya und Inka vor 2000 Jahren. Ein anderes Permakultur-Vorzeigemodell ist seit vielen Jahren der Krameterhof von Sepp Holzer im Salzburger Land auf rund 1300 Metern über Meer, der inzwischen von seinem Sohn geführt wird (s. Koechlin F. 2016, S. 125–138).

145 S. auch Bachmann C. et al. 2017.

146 Zum Vergleich: Ein durchschnittlicher Schrebergarten in der Schweiz ist rund 200 Quadratmeter gross. Der Permakulturbetrieb des Ehepaars Hervé-Gruyer ist also nur fünfmal grösser.

147 Die INRA-Untersuchung ist Teil einer grösseren Studie über kleinbäuerliche Landwirtschaft. Die Wissenschaftler beleuchten auch andere Mikrofarmen, zum Beispiel in Grossbritannien. Gemäss François Léger, der von 2011 bis 2015 die Studie über die »ökonomische Leistungsfähigkeit des ökologischen Gemüseanbaus in Permakultur« auf der Ferme du Bec-Hellouin koordinierte, sind die Ergebnisse in Grossbritannien ähnlich wie in der Normandie. Eine Landwirtschaft auf kleinem Raum sei möglich, wenn die Kulturfläche intensiv genutzt werde und die Bäuerinnen und Bauern sozial integriert seien, sagte er in einem Interview. Für Léger sind Mikrofarmen unter anderem dort ideal, wo das Land begrenzt sei, zum Beispiel in besiedelten Gebieten. Interview: Lavocat L. 2016.

148 Der Film *Demain* (dt. *Tomorrow – Die Welt ist voller Lösungen*) von Mélanie Laurent und Cyril Dion kam im Jahre 2015 in die Kinos. Er reagiert auf eine Studie mit dem Titel *Approaching a state shift in Earth's biosphere* von Anthony Barnosky und Elizabeth Hadly et al. von der Universität Berkeley und der Universität Stanford in den USA. Die Studie wurde nach einem Workshop mit verschiedenen Wissenschaftlern im Jahre 2012 veröffentlicht (Barnosky A. D. et al. 2012). Die Wissenschaftler prognostizieren darin bis 2100 einen globalen Zusammenbruch des Ökosystems: beschleunigter Rückgang der Artenvielfalt, häufigere klimatische Extremereignisse, rapide Veränderungen der Produktionsabläufe und des Energieverbrauchs. Die Filmemacher zeigen neue ökologische,

wirtschaftliche und demokratische Ansätze, die einen Beitrag gegen den Zusammenbruch des Ökosystems leisten könnten.

149 Mit dem Versuchsbetrieb La Bourdaisière wollte der Verein beweisen, dass die ökologische Landwirtschaft rentabler ist als die chemische. Nach knapp fünf Jahren hätten sie festgestellt, »dass wir das Ziel angesichts zweier Realitäten ändern müssen«, resümiert Maxime de Rostolan. *Erstens:* Warum sollte ein ökologischer Agrarbetrieb rentabel sein, wenn die chemische Landwirtschaft nicht rentabel ist? Die industrielle Landwirtschaft profitiert von direkten und indirekten Subventionen, um sich am Leben zu erhalten. Unter indirekten Subventionen versteht de Rostolan die Kosten für die Kehrseiten der chemischen Landwirtschaft, welche die Gemeinschaft (der Steuerzahler) trägt. Dazu gehören Gesundheitsprobleme im Zusammenhang mit dem Einsatz von Pestiziden, Verschmutzung des Grundwassers, Verschärfung des Klimawandels durch die Treibhausgasemissionen, »Zusammenbruch« der biologischen Vielfalt, Bodenerosion, Überschwemmungen etc. »Diese Kosten werden kollektiv von den Steuerzahlern getragen, obwohl wir wissen, wer dafür verantwortlich ist«, sagt de Rostolan. Der Verein habe errechnet, dass die Beseitigung der durch die chemische Landwirtschaft bedingten Verschmutzungen Frankreich jedes Jahr rund 60 Milliarden Euro koste. Das entspricht gerade etwa dem Bruttoinlandsprodukt des Agrarsektors! Andererseits müssen aber laut de Rostolan die ökologischen Landwirte die Kosten für eine positive Landwirtschaft selbst tragen, wie zum Beispiel den Mehraufwand an Zeit und Arbeitskraft oder die Kosten für die geschaffenen ökologischen Infrastrukturen wie Bäume, Teiche oder Biodiversitätsprogramme. De Rostolan spricht von einer »unhaltbaren Wettbewerbsverzerrung« zwischen den beiden Modellen. Die *zweite Realität* nach fünf Jahren Versuchsbetrieb: »Permakultur ist keine ökonomische Zauberformel.« Es sei illusorisch, zu behaupten, dass man mit Permakultur einen attraktiven Lohn erziele. »Auf unserer Tour durch Frankreich, bei der wir rund 220 Permakulturhöfe besuchten, sahen wir, dass es einigen glücklicherweise gutgeht. Diese Bäuerinnen und Bauern zählen aber ihre Arbeitsstunden nicht, sie haben sich für ein ganzheitliches Leben entschieden und unterteilen nicht in Arbeit und Freizeit.« Dies könne man aber nicht von allen verlangen.

»Gehalt und Arbeitsstunden müssen deshalb mit anderen Berufen vergleichbar sein«, sagt Maxime de Rostolan.

150 Dieser hat auch die Kriterien definiert, die zum Beispiel zur Messung von Wirtschaftlichkeit und Nachhaltigkeit herangezogen werden sollen. Zu den Kriterien gehören Umwelt, Wirtschaft, Beschäftigung, Gesundheit, Bildung. Dieser Rahmen vermeidet, dass man das Projekt nur einseitig (bezüglich der Einnahmen zum Beispiel) betrachtet. Der Ausschuss trifft sich ein- bis zweimal jährlich, um die Entwicklung des Projekts zu verfolgen.

151 Die Vision dieser »Charta der Zukunft« ist geleitet vom Gedanken des Gemeinwohls, der Ethik und Transparenz. Bäuerinnen und Bauern verpflichten sich, die Praktiken der Agrarökologie, insbesondere der Permakultur, zu befolgen. Um Teil des Netzwerks der Fermes d'Avenir zu werden, sollten sie die Ziele der Charta verfolgen. Von den Bäuerinnen und Bauern wird zum Beispiel erwartet, dass sie ihre Produkte überwiegend lokal verkaufen. Auch das Tierfutter sollte zu 80 Prozent vor Ort erzeugt werden. Ziel wäre auch, die Eckdaten jedes teilnehmenden Betriebs auf der Website der Fermes d'Avenir transparent zu machen. Die Betriebe, die sich diesem Denken und Handeln verpflichten, erhalten im Gegenzug jeden Monat einen Informationsbrief mit Veranstaltungen, Kleinanzeigen (Praktika, Freiwillige, Verkauf von Werkzeugen), Vorschlägen zur Teilnahme an Think-Tanks, Marketingunterstützung u. a.

152 Biton G. 2017.

153 S. Koechlin F. 2016, S. 143–150.

154 Crawford M. 2010.

155 Boecking O. und Kreipe V. 2015.

156 Mann C. C. 2016, S. 312.

157 »Ein Komparativer Vorteil ist Basis jedes Tauschhandels bzw. generell jedes Handels. Er besagt, dass ein Handel immer dann lohnenswert ist, wenn die zwei Vertragsparteien unterschiedliche Kostenstrukturen haben. Jede Vertragspartei sollte sich dann auf die Produktion desjenigen Gutes konzentrieren, welches sie relativ zum anderen Vertragspartner günstiger produzieren kann. Ursprünglich wurde die Theorie des komparativen Kostenvorteils für Länder und den Handel zwischen Ländern entwickelt. Die Grundidee gilt jedoch für alle Tauschsituationen und begründet, wieso sich Spezialisierung unter anderem auszahlt« (Vimentis

Lexikon, www.vimentis.ch/d/lexikon/248/Komparativer+Vorteil.html#248).

158 Binswanger M. 2009.

159 Ausnahmen sind Neuseeland und Australien mit ihren riesigen nutzbaren Landwirtschaftsflächen.

160 Dazu komme, schreibt Bettina Dyttrich, »dass Landwirtschaft etwas anderes ist als Industrie: Sie pflegt Lebewesen. Während eine Fabrik rund um die Uhr produzieren kann (…), sind Pflanzen und Tiere an Tages- und Jahreszeiten gebunden. Es gibt nur eine Weizenernte pro Jahr und meistens nur ein Kalb pro Kuh. Tiere und Pflanzen sind auf die begrenzten Ressourcen Erde, Wasser und Sonnenenergie angewiesen. Darum sind sie nicht im industriellen Sinn effizient – dafür aber erneuerbar. Wer Landwirtschaft trotzdem wie eine Industrie behandelt, zerstört langfristig ihre Grundlagen« (Dyttrich B. und Hösli G. 2015, S. 12).

161 Doch würden Konsumentinnen und Konsumenten nicht von tieferen Preisen profitieren? Dazu schreibt Mathias Binswanger: »Importierte Lebensmittel sind oft billiger als diejenigen aus der Schweiz, das stimmt – doch der Effekt ist gering. Der Nachteil: Die Kontrolle über den Anbau und die Herstellung der Lebensmittel kommt abhanden, und wir werden von den Bedingungen und Preisen der Weltmärkte und grossen Konzerne abhängig. Die lokale Vielfalt an Getreidesorten, Rinderrassen oder Obstbäumen geht verloren, was nicht nur einen Verlust an Kulturlandschaft, sondern auch an Biodiversität bedeutet. Deshalb wird unsere Lebensqualität nicht ansteigen, selbst wenn die Nahrungsmittelpreise im Durchschnitt etwas zurückgehen. Heute machen Lebensmittel [in der Schweiz; F. K.] noch gut sechs Prozent vom Haushaltsbudget aus« (Binswanger M. 2009, S. 39; nachträglich aktualisiert).

162 Binswanger M. 2009, S. 37.

163 Binswanger M. 2009, S. 50f.

164 In Korea werden Kiefern, allen voran die Roten Kiefern, verehrt. Immer wieder treffen wir auf diese knorrigen, von Wind und Wetter gezeichneten Bäume. Woo Kwan, eine ebenfalls für ihre Tempelküche berühmte buddhistische Nonne, die wir später trafen, sagt: »Die Kiefer gibt uns so viel. Der Pollenstaub von Kiefern gibt der Sojasauce einen ganz speziellen Geschmack. Darum stelle ich diese Töpfe mit reifender Sojasauce unter die Kiefern.

Manchmal gebe ich schichtweise Kiefernnadeln zu gedämpftem Reis, um deren würzige Aromen einzufangen, und auch Kiefernnadeltee liebe ich sehr.« Bei unserem Besuch im Naksansa-Tempel im Osten Koreas finden wir eine Kiefer, die besonders verehrt wird und einen eigenen Namen hat. Sie heisst »Ohr, das in den Himmel hört« und wächst neben einem kleinen Meditationspavillon auf einer Klippe direkt über dem Meer.

165 Lotospflanzen sind heilig. Buddha sitzt auf einer Lotosblume. Die Pflanze wächst im morastigen Teich. Mit langem Stängel gelangt sie zur Wasseroberfläche, wo sie ihre grossen Blätter und herrlichen Blüten bildet – sie symbolisiert im Buddhismus die Reinheit.

166 Korea scheint ein Teeland zu sein, nicht nur in den buddhistischen Tempeln. Wir erhielten auf unserer Reise Chrysanthemen- oder Magnolientee, immer wieder Salomonssiegeltee (aus Blättern oder aus Wurzeln) und natürlich Tee von Ginseng, der in Korea grossflächig angebaut wird. Zum Essen gab es oft Buchweizen- oder Gerstentee sowie Maisbarttee (Tee aus den Fäden vom Maiskolben sowie gerösteten Maiskörnern) oder Kiefernnadeltee.

167 Masuda T. et al. 2012.

168 Seelmann H. N. 2013, S. 198.

169 Seelmann H. N. 2013, S. 210.

170 Gazzarin C. et al. 2018.

BÜCHER ZUM THEMA

Koechlin F. (2005). Zellgeflüster. Streifzüge durch wissenschaftliches Neuland. Basel: Lenos.

Koechlin F. (2008). PflanzenPalaver. Belauschte Geheimnisse der botanischen Welt. Basel: Lenos.

Koechlin F. und Battaglia D. (2012). Mozart und die List der Hirse. Natur neu denken. Basel: Lenos.

Koechlin F. (Hg.) (2014). Jenseits der Blattränder. Eine Annäherung an Pflanzen. Basel: Lenos.

Koechlin F. (2015). Plant whispers. A journey through new realms of science [E-Book]. Basel: Lenos.

Koechlin F. (2016). Schwatzhafte Tomate, wehrhafter Tabak. Pflanzen neu entdeckt. Basel: Lenos.

AgrarBündnis e.V. (Hg.) (2018). Der kritische Agrarbericht 2018. Schwerpunkt: Globalisierung gestalten. Hamm: ABL.

Baluška F., Gagliano M. und Witzany G. (Hgg.) (2018). Memory and Learning in Plants. Cham: Springer.

Binswanger M. (2009). Globalisierung und Landwirtschaft. Mehr Wohlstand durch weniger Freihandel. Wien: Picus.

Blanc P. (2005). Le bonheur d'être plante. Paris: M. Sell.

Cerutti H. (2011). Wie Hans Rudolf Herren 20 Millionen Menschen rettete. Die ökologische Erfolgsstory eines Schweizers. Zürich: Orell Füssli.

Chamovitz D. (2013). Was Pflanzen wissen. Wie sie sehen, riechen und sich erinnern. München: Hanser.

De Schutter O. und Cordes K. Y. (2011). Accounting for Hunger. The Right to Food in the Era of Globalisation. Oxford, Portland: Hart.

Dyttrich B. und Hösli G. (2015). Gemeinsam auf dem Acker. Solidarische Landwirtschaft in der Schweiz. Zürich: Rotpunktverlag.

Gagliano M., Ryan J. C. und Vieira P. (Hgg.) (2017). The Language of Plants. Science, Philosophy, Literature. Minneapolis: University of Minnesota Press.

Idel A. (2012). Die Kuh ist kein Klima-Killer! Wie die Agrarindustrie die Erde verwüstet und was wir dagegen tun können. Marburg: Metropolis.

Karban R. (2015). Plant Sensing and Communication. Chicago: The University of Chicago Press.

Mancuso S. und Viola A. (2015). Die Intelligenz der Pflanzen. München: Kunstmann.

Mansata B. (2010). The vision of Natural farming. Kolkata: Earthcare Books.

Montgomery D.R. (2017). Growing a Revolution. Bringing Our Soil Back to Life. New York: W.W. Norton & Company.

Ott M. (2011). Kühe verstehen. Eine neue Partnerschaft beginnt. Lenzburg: Faro.

Ovid (1994). Metamorphosen. Lateinisch/Deutsch. Übers. und hg. von M. von Albrecht. Stuttgart: Reclam.

Pollan M. (2001). The Botany of Desire. A Plant's-Eye View of the World. New York: Random House.

Studer B.H. (Hg.) (2017). Tiere nutzen? Und Pflanzen? Winterthur: edition mutuelle.

Trewavas A. (2014). Plant Behaviour & Intelligence. Oxford: Oxford University Press.

Wirz J., Kunz P. und Hurter U. (2017). Saatgut – Gemeingut. Züchtung als Quelle von Realwirtschaft, Recht und Kultur. Standortbestimmung und Zukunftsperspektiven für gemeinnützige Saatgut- und Züchtungsinitiativen. Dornach, Feldbach: Goetheanum, Sektion für Landwirtschaft / Fonds für Kulturpflanzenentwicklung. www.gzpk.ch/service/download/studie-saatgut-gemeingut.

Wohlleben P. (2015). Das geheime Leben der Bäume. Was sie fühlen, wie sie kommunizieren – die Entdeckung einer verborgenen Welt. München: Ludwig.

Wohlleben P. (2017). Das geheime Netzwerk der Natur. Wie Bäume Wolken machen und Regenwürmer Wildschweine steuern. München: Ludwig.

Zürcher E. (2016). Die Bäume und das Unsichtbare. Erstaunliche Erkenntnisse aus der Forschung. Aarau, München: AT.

REFERENZEN

Appel H.M. und Cocroft R.B. (2014). Plants respond to leaf vibrations caused by insect herbivore chewing. Oecologia, 175, 4, S. 1257–1266.

Austel N., Eilers E.J., Meiners T. und Hilker M. (2015). Elm leaves 'warned' by insect egg deposition reduce survival of hatching larvae by a shift in their quantitative leaf metabolite pattern. Plant, Cell & Environment, 39, 2, S. 366–376.

Bachmann C., Bührer E. und Forster K. (2017). Permakultur. Grundlagen und Praxisbeispiele für nachhaltiges Gärtnern. Bern: Haupt.

Barnosky A.D., Hadly E.A., Bascompte J. et al. (2012). Approaching a state shift in Earth's biosphere. Nature, 486, 7401, S. 52–58.

Baur P. (2011). Sojaimporte Schweiz: Möglichkeiten und Grenzen der Reduktion/Vermeidung von Sojaimporten in die Schweiz. Eine Untersuchung im Auftrag von Greenpeace. Frick: Agrofutura. www.greenpeace.org/switzerland/Global/switzerland/publications/Greenpeace/2011/Greenpeace_Sojabericht.pdf.

Beck A., Haerlin B. und Richter L. (2016). Agriculture at a Crossroads. IAASTD findings and recommendations for future farming. Berlin: Zukunftsstiftung Landwirtschaft.

Binswanger M. (2009). Globalisierung und Landwirtschaft. Mehr Wohlstand durch weniger Freihandel. Wien: Picus.

Biton G. (2017). Guide pratique de l'aquaponie. Produire ensemble légumes et poissons, construire sa propre installation. Escalquens: Terran.

Blande J.D., Li T. und Holopainen J.K. (2011). Air pollution impedes plant-to-plant communication, but what is the signal? Plant Signaling & Behavior, 6, 7, S. 1016–1018.

Boecking O. und Kreipe V. (2015). Targeted precision biocontrol and pollination enhancement in organic cropping systems. Organic Eprints, http://orgprints.org/29282.

Börnecke S. (2017). Die (un-)heimliche Arten-Erosion. Eine agroindustrielle Landwirtschaft dezimiert unsere Lebensvielfalt. Dossier und Bestandsaufnahme. Wiesbaden: Martin Häusling, MdEP. www.martin-haeusling.eu/images/Biodiversitaet_NEUAUFLAGE2017_Web.pdf.

Bürki-Spycher H.-M. (2016). Schutz dem Schutzwald. Schweizer Familie, 43, S. 28.

Ceccarelli S. (2012). Living seed – breeding as co-evolution. In: Seed-Freedom. A Global Citizens' Report. Neu-Delhi: Navdanya, S. 39–46. http://navdanya.org/attachments/Seed%20Freedom_Revised_8-10-2012.pdf.

Choi B., Ghosh R., Gururani M. A. et al. (2017). Positive regulatory role of sound vibration treatment in *Arabidopsis thaliana* against *Botrytis cinerea* infection. Scientific Reports, 7, 1, 2527.

Clarke D., Morley E. und Robert D. (2017). The bee, the flower, and the electric field: electric ecology and aerial electroreception. Journal of Comparative Physiology A, 203, 9, S. 737–748.

Coghlan A. (2018). The birds that steal fire. New Scientist, 237, 3160, S. 4.

Crawford M. (2010). Creating a Forest Garden. Working with Nature to Grow Edible Crops. Totnes: Green.

Crop Trust (2014). Conserving crop diversity forever. fsc-in-dialog_08042014.

Darwin C. (1983). Die Bildung der Ackererde durch die Tätigkeit der Würmer mit Beobachtung über deren Lebensweise. Berlin, Schlechtenwegen: März. (Original: The Formation of Vegetable Mould through the Action of Worms, with Observations on their Habits. London: John Murray 1881.)

De Schutter O. und Cordes K. Y. (2011). Accounting for Hunger. The Right to Food in the Era of Globalisation. Oxford, Portland: Hart.

Dyttrich B. und Hösli G. (2015). Gemeinsam auf dem Acker. Solidarische Landwirtschaft in der Schweiz. Zürich: Rotpunktverlag.

Eidgenössische Forschungsanstalt für Wald, Schnee und Landschaft WSL (2013). Physikalischer Bodenschutz im Wald. www.wsl.ch/de/projekte/physikalischer-bodenschutz-im-wald.html.

Eisler M. C., Lee M. R. F., Tarlton J. F. et al. (2014). Steps to sustainable livestock. Nature, 507, S. 32–34.

FAO (2004). What is agrobiodiversity? Rom: FAO. www.fao.org/docrep/007/y5609e/y5609e00.htm.

FAO (2015). Scaling-up Integrated Rice-Fish Systems. Tapping ancient Chinese know-how. Rom: FAO / South-south Cooperation. www.fao.org/3/a-i4289e.pdf.

FAO (2016). Food Outlook. Biannual Report on Global Food Markets. June 2016. Rom: FAO. www.fao.org/3/a-I5703E.pdf.

FAO (2018). Food wastage: Key facts and figures. Rom: FAO. www.fao.org/news/story/en/item/196402/icode.

Fischermann T. (2018). Der letzte Beschützer des Urwalds. Die Zeit, 8.3.2018. www.zeit.de/2018/11/amazonas-volk-amazonien-urwald-regenwald-beschuetzer.

Fleischatlas 2018. Daten und Fakten über Tiere als Nahrungsmittel. Rezepte für eine bessere Tierhaltung. Berlin: Heinrich-Böll-Stiftung/Bund für Umwelt und Naturschutz Deutschland. www.boell.de/fleischatlas.

Fliessbach A., Mäder P., Pfiffner L., Dubois D. und Gunst L. (2000). Erkenntnisse aus 21 Jahren DOK-Versuch. Bio fördert Bodenfruchtbarkeit und Artenvielfalt (FiBL Dossier Nr. 1). Frick, Zürich: FiBL/FAL.

Gagliano M., Grimonprez M., Depczynski M. und Renton M. (2017). Tuned in: plant roots use sound to locate water. Oecologia, 184, 1, S. 151–160.

Gagliano M., Renton M., Depczynski M. und Mancuso S. (2014). Experience teaches plants to learn faster and forget slower in environments where it matters. Oecologia, 175, 1, S. 63–72.

Gagliano M., Vyazovskiy V. V., Borbély A. A., Grimonprez M. und Depczynski M. (2016). Learning by Association in Plants. Scientific Reports, 6, 38427.

Garibaldi L. A., Carvalheiro L. G., Vaissière B. E. et al. (2016). Mutually beneficial pollinator diversity and crop yield outcomes in small and large farms. Science, 351, 6271, S. 388–391.

Gaupp-Berghausen M., Hofer M., Rewald B. und Zaller J. G. (2015). Glyphosate-based herbicides reduce the activity and reproduction of earthworms and lead to increased soil nutrient concentrations. Scientific Reports, 5, 12886.

Gazzarin C., Frey H.-J., Petermann R. und Höltschi M. (2011). Weide- oder Stallfütterung – was ist wirtschaftlicher? Agrarforschung Schweiz, 2, 9, S. 418–423.

Gazzarin C., Haas T., Hofstetter P. und Höltschi M. (2018). Milchproduktion: Frischgras mit wenig Kraftfutter zahlt sich aus. Agrarforschung Schweiz, 9, 5, S. 148–155.

Gorzelak M. A., Asay A. K., Pickles B. J. und Simard S. W. (2015). Inter-plant communication through mycorrhizal networks mediates complex adaptive behaviour in plant communities. AoB Plants, 7, plv050.

Grossarth J. (2012). »Der Wurst ein Gesicht geben«. Internet-Metzger Buchmann im Gespräch. In: Frankfurter Allgemeine, 24.1.2012.

www.faz.net/aktuell/gesellschaft/internet-metzger-buchmann-im-gespraech-der-wurst-ein-gesicht-geben-11621867.html.

Gutierrez A.P., Ponti L., Herren H.R., Baumgärtner J. und Kenmore P.E. (2015). Deconstructing Indian cotton: weather, yields, and suicides. Environmental Sciences Europe, 27, 12.

Hallmann C.A., Sorg M., Jongejans E. et al. (2017). More than 75 percent decline over 27 years in total flying insect biomass in protected areas. PLoS One, 12, 10, e0185809.

Heiduk A., Brake I., von Tschirnhaus M. et al. (2016). *Ceropegia sandersonii* Mimics Attacked Honeybees to Attract Kleptoparasitic Flies for Pollination. Current Biology, 26, S. 2787–2793.

Hiltbrunner E. (2017). Die »Frühjahrsputzer« der Wiesen und Weiden. Engadinerschafe. Ein Projekt mit Scha(r)fsinn. Urner Wochenblatt, 141, 96, S. 25.

Hörtenhuber S., Lindenthal T., Amon B. et al. (2010). Greenhouse gas emissions from selected Austrian dairy production systems – model calculations considering the effects of land use change. Renewable Agriculture and Food Systems, 25, 4, S. 316–329.

Idel A. (2012). Die Kuh ist kein Klima-Killer! Wie die Agrarindustrie die Erde verwüstet und was wir dagegen tun können. Marburg: Metropolis.

Jung J., Kim S.-K., Kim J.Y., Jeong M.-J. und Ryu C.-M. (2018). Beyond Chemical Triggers: Evidence for Sound-Evoked Physiological Reactions in Plants. Frontiers in Plant Science, 9, 25.

Kabadayi C. und Osvath M. (2017). Ravens parallel great apes in flexible planning for tool-use and bartering. Science, 357, 6347, S. 202–204.

Karban R. (2015). Plant Sensing and Communication. Chicago: The University of Chicago Press.

Kim J.-Y., Lee J.-S., Kwon T.-R. et al. (2015). Sound waves delay tomato fruit ripening by negatively regulating ethylene biosynthesis and signaling genes. Postharvest Biology and Technology, 110, S. 43–50.

Knolle F., Gonçalves R.P. und Morton A.J. (2017). Sheep recognize familiar and unfamiliar human faces from two-dimensional images. Royal Society Open Science, 4, 11, 171228.

Knop E., Zoller L., Ryser R. et al. (2017). Artificial light at night as a new threat to pollination. Nature, 548, 7666, S. 206–209.

Koechlin F., Ammann D., Gelinsky E., Haerlin B., Ott M., Sitter-

Liver B., Stumpf W., Wagner E. und Zschunke A. (2008). Pflanzen neu entdecken: Rheinauer Thesen zu Rechten von Pflanzen. www.blauen-institut.ch/s2_blue/tx_blu/tp/tpt/t_rheinau.pdf.

Kranthi K. R. (2015). Why this Kolaveri-di syndrome in cotton? Cotton Statistics & News, 31, 3.11.2015, S. 1–5. www.cicr.org.in/pdf/Kranthi_art/Kolaveri.pdf.

Kranthi K. R. (2016). Need for a Robust Desi Cotton Roadmap. Cotton Statistics & News, 1, 5.4.2016, S. 1–6. www.cicr.org.in/pdf/Kranthi_art/Robust_Desi_Roadmap.pdf.

Kranthi K. R. (2017a). Unlearn A Few And Learn Some New (Part 1). Cotton Statistics & News, 43, 24.1.2017, S. 1–4. www.cicr.org.in/pdf/Kranthi_art/learn_unlearn.pdf.

Kranthi K. R. (2017b). Unlearn A Few And Learn Some New (Part 2). Cotton Statistics & News, 47, 21.2.2017, S. 1–8. www.cicr.org.in/pdf/Kranthi_art/learn_unlearn_part2.pdf.

Lavocat L. (2016). En agriculture, les micro-fermes ont un très grand avenir. Entretien avec François Léger. In: Reporterre, 30.9.2016. www.reporterre.net/En-agriculture-les-micro-fermes-ont-un-tres-grand-avenir.

Leiber F. (2006). Milch und Denken. Ansatz für einen bildhaften Begriff von Lebensmittelqualität. Elemente der Naturwissenschaft, 84, S. 5–20.

Leiber F. (2014). Zur Bedeutung sekundärer Pflanzeninhaltsstoffe für die Ernährung von Wiederkäuern. In: Schwarz C., Kraft M. und Gierus M. (Hg.). Wertvolle Pflanzenstoffe für die Tierernährung: Perspektiven und Entwicklungen. Tagungsband. 13. BOKU-Symposium Tierernährung, 29. April 2014, Wien. Wien: Universität für Bodenkultur, S. 6–10. www.ifa-tulln.boku.ac.at/fileadmin/data/H03000/H97000/H97600/Symptagungsbaende/2014Tagungsband.pdf.

Leiber F., Jouven M., Martin B. et al. (2014). Potentials and challenges for future sustainable grassland utilisation in animal production. Options Méditerranéennes, Série A, 109, S. 33–47.

Leiber F., Muller A., Maurer V., Schader C. und Bieber A. (2017). Organic dairy farming and sustainability. In: van Belzen N. (Hg.). Achieving sustainable production of milk. Volume 2: Safety, quality and sustainability. Cambridge: Burleigh Dodds.

Leopold A. C. (2014). Smart plants: Memory and communication without brains. Plant Signaling & Behavior, 9, 10, e972268.

Le Page M. (2018). Forget food, it's in your car. New Scientist, 238, 3176, S. 22–24.

López-Ribera I. und Vicient C. M. (2017). Drought tolerance induced by sound in Arabidopsis plants. Plant Signaling & Behavior, 12, 10, e1368938.

Lori M., Symanczik S., Mäder P., De Deyn G. und Gattinger A. (2017). Organic farming enhances soil microbial abundance and activity – A meta-analysis and meta-regression. PLoS One, 12, 7, e0180442.

Mann C. C. (2016). Amerika vor Kolumbus. Die Geschichte eines unentdeckten Kontinents. Aus dem Englischen von Bernd Rullkötter. Reinbek bei Hamburg: Rowohlt.

Masuda T., Wang H., Ishii K. und Ito K. (2012). Do surrounding figures' emotions affect judgment of the target figure's emotion? Comparing the eye-movement patterns of European Canadians, Asian Canadians, Asian international students, and Japanese. Frontiers in Integrative Neuroscience, 6, 72.

Mishra R. C., Ghosh R. und Bae H. (2016). Plant acoustics: in the search of a sound mechanism for sound signaling in plants. Journal of Experimental Botany, 67, 15, S. 4483–4494.

Muller A., Schader C., El-Hage Scialabba N. et al. (2017). Strategies for feeding the world more sustainably with organic agriculture. Nature Communications, 8, 1, 1290.

Oester K. (1993). Die Kuh und ihre Repräsentation im technokratischen, folkloristischen und ökologischen Diskurs. Dissertation an der Philosophischen Fakultät der Universität Freiburg i. Ü.

Östberg J., Martinsson M., Stål Ö. und Fransson A.-M. (2012). Risk of root intrusion by tree and shrub species into sewer pipes in Swedish urban areas. Urban Forestry & Urban Greening, 11, 1, S. 65–71.

Ovid (1994). Metamorphosen. Lateinisch/Deutsch. Übers. und hg. von M. von Albrecht. Stuttgart: Reclam.

Pfiffner L. (2013). Regenwürmer. Baumeister fruchtbarer Böden. Merkblatt. Frick: FiBL.

Pfiffner L. (2014). Earthworms – Architects of fertile soils. Their significance and recommendations for their promotion in agriculture. Frick: FiBL/TILMAN-ORG.

Picard K., Thomas D. W., Festa-Bianchet M., Belleville F. und Laneville A. (1999). Differences in the thermal conductance of tropical and temperate bovid horns. Ecoscience, 6, 2, S. 148–158.

Preston E. (2017). Grief is not just for the clever. New Scientist, 236, 3156, S. 12.
Provenza F. D., Meuret M. und Gregorini P. (2015). Our landscapes, our livestock, ourselves: Restoring broken linkages among plants, herbivores, and humans with diets that nourish and satiate. In: Appetite, 95, S. 500–519.
Rasmann S., De Vos M., Casteel C. L. et al. (2012). Herbivory in the Previous Generation Primes Plants for Enhanced Insect Resistance. Plant Physiology, 158, 2, S. 854–863.
Ruckli R., Rusterholz H.-P. und Baur B. (2014). Invasion of an annual exotic plant into deciduous forests suppresses arbuscular mycorrhiza symbiosis and reduces performance of sycamore maple saplings. Forest Ecology and Management, 318, S. 285–293.
Sachser N. (2018). Der Mensch im Tier. Warum Tiere uns im Denken, Fühlen und Verhalten oft so ähnlich sind. Reinbek bei Hamburg: Rowohlt.
Safina C. (2017). Die Intelligenz der Tiere. Wie Tiere fühlen und denken. München: C. H. Beck.
Schäffer A., Filser J., Frische T. et al. (2018). Der stumme Frühling – Zur Notwendigkeit eines umweltverträglichen Pflanzenschutzes. Halle (Saale): Nationale Akademie der Wissenschaften Leopoldina. www.leopoldina.org/uploads/tx_leopublication/2018_Diskussionspapier_Pflanzenschutzmittel_02.pdf.
Scheppach J. (2009). Das geheime Bewusstsein der Pflanzen. Botschaften aus einer unbekannten Welt. München: Droemer, S. 124f.
Schulze B., Kost C., Arimura G.-I. und Boland W. (2006). Duftstoffe: Die Sprache der Pflanzen. Signalrezeption, Biosynthese und Ökologie. Chemie in unserer Zeit, 40, 6, S. 366–377.
Schütz L., Gattinger A., Meier M. et al. (2018). Improving Crop Yield and Nutrient Use Efficiency via Biofertilization – A Global Meta-analysis. Frontiers in Plant Science, 8, 2204.
Schweitzer A. (1982). Die Ehrfurcht vor dem Leben. Grundtexte aus 5 Jahrzehnten. Hg. von Hans Walter Bähr. 3., durchges. u. erw. Aufl. München: C. H. Beck.
Seelmann H. N. (2013). »Atmende Leere und das Ma-um im Fluss. Das Ich und die koreanische Kultur«. In: Mettler M. und Bezzola Lambert L. (Hgg.). Ortlose Mitte. Das Ich als kulturelle Hervorbringung. Göttingen: Wallstein, S. 197–211.
Shapiro-Ilan D. I. und Brown I. (2013). Earthworms as phoretic hosts

for *Steinernema carpocapsae* and *Beauveria bassiana:* Implications for enhanced biological control. Biological Control, 66, 1, S. 41–48.

Shiojiri K., Ishizaki S., Ozawa R. und Karban R. (2015). Airborne signals of communication in sagebrush: a pharmacological approach. Plant Signaling & Behavior, 10, 12, e1095416.

Simard S. W. (2018). Mycorrhizal Networks Facilitate Tree Communication, Learning, and Memory. In: Baluška F., Gagliano M. und Witzany G. (Hgg.) (2018). Memory and Learning in Plants. Cham: Springer, S. 191–213.

Soil Association (2017). Failed promises. The rise and fall of GM cotton in India. Bristol: Soil Association. www.soilassociation.org/media/13510/failed-promises-e-version.pdf.

Song Y. Y., Zeng R. S., Xu J. F. et al. (2010). Interplant Communication of Tomato Plants through Underground Common Mycorrhizal Networks. PLoS One, 5, 10, e13324.

Spadavecchia C. und Casoni D. (2016). Führt die Enthornung von Kälbern zu chronischen Schmerzen? Präsentation zum Kolloquium »Hornstatus Rind« in Posieux, 3.11.2016. Bern: Universität. www.agroscope.admin.ch/dam/agroscope/de/dokumente/aktuell/Posieux%202%20Nov%202016_Agroscope.pdf.download.pdf/Posieux%202%20Nov%202016_Agroscope.pdf.

Spengler Neff A., Humi B., Streiff R. et al. (2016). Die Bedeutung der Hörner für die Kuh. Grundlagenbroschüre. Frick, Liestal, Darmstadt, Mainz, Munsbach: FiBL / Verein für biologisch-dynamische Landwirtschaft / Demeter / Bioland Beratung / IBLA Luxemburg.

Stamm C., Junghans M. und Bryner A. (2017). Anhaltend hohe Pestizidbelastung in kleinen Bächen. Medienmitteilung, 4.4.2017. Dübendorf: Eawag. www.eawag.ch/fileadmin/Domain1/News/2017/04/04/mm_pestizide_baeche_d.pdf.

Stolze M., Weisshaidinger R., Bartel A. et al. (2019). Chancen der Landwirtschaft in den Alpenländern. Wege zu einer raufutterbasierten Milch- und Fleischproduktion in Österreich und der Schweiz. Bern: Haupt.

Sugimoto K. und Arimura G.-I. (2013). Maize plants prime anti-herbivore responses by memorizing and recalling of airborne information in their genome. Plant Signaling and Behavior, 8, 10, e25796.

Symanczik S., Gisler M., Thonar C. et al. (2017). Application of Mycorrhiza and Soil from a Permaculture System Improved Phosphorus Acquisition in Naranjilla. Frontiers in Plant Science, 8, 1263.

Teste F. P., Simard S. W., Durall D. M. et al. (2009). Access to mycorrhizal networks and roots of trees: importance for seedling survival and resource transfer. Ecology, 90, 10, S. 2808–2822.
Tresch S. und Pfiffner L. (2017). Regenwürmer – Baumeister der Bodenfruchtbarkeit. Bioaktuell, 184, 8, S. 18f.
Waiblinger S., Schmied-Wagner C., Nordmann E. et al. (2010). Haltung von behornten und unbehornten Milchziegen in Grossgruppen. Endbericht zum Forschungsprojekt 100191. Wien: Eigenverlag.
Walter J., Nagy L., Hein R. et al. (2011). Do plants remember drought? Hints towards a drought-memory in grasses. Environmental and Experimental Botany, 71, 1, S. 34–40.
Waltert B., Wiemken V., Rusterholz H.-P., Boller T. und Baur B. (2002). Disturbance of forest by trampling: Effects on mycorrhizal roots of seedlings and mature trees of *Fagus sylvatica.* Plant and Soil, 243, 2, S. 143–154.
Wirz J., Kunz P. und Hurter U. (2017). Saatgut – Gemeingut. Züchtung als Quelle von Realwirtschaft, Recht und Kultur. Standortbestimmung und Zukunftsperspektiven für gemeinnützige Saatgut- und Züchtungsinitiativen. Dornach, Feldbach: Goetheanum, Sektion für Landwirtschaft / Fonds für Kulturpflanzenentwicklung. www.gzpk.ch/service/download/studie-saatgut-gemeingut.
WWF Deutschland (Hg.) (2016). Das Regenwurm-Manifest. Für lebendige Böden und einen funktionierenden Wasserhaushalt. Berlin: WWF Deutschland. www.wwf.de/themen-projekte/landwirtschaft/internationale-agrarpolitik/der-boden-der-lebensvielfalt/das-regenwurm-manifest.
Yokawa K., Kagenishi T., Pavlovič A. et al. (2017). Anaesthetics stop diverse plant organ movements, affect endocytic vesicle recycling and ROS homeostasis, and block action potentials in Venus flytraps. Annals of Botany, mcx155.
Zaraska M. (2018). Silence of the plants. New Scientist, 237, 3165, S. 32–34.
Zellweger-Fischer J., Hoffmann J., Korner-Nievergelt P. et al. (2018). Identifying factors that influence bird richness and abundance on farms. Bird Study, DOI: 10.1080/00063657.2018.1446903.
Zürcher E. (2016). Die Bäume und das Unsichtbare. Erstaunliche Erkenntnisse aus der Forschung. Aarau, München: AT.

Bildnachweis

S. 17: Monica Gagliano, z. V. g.; S. 51, 57: Lukas Pfiffner; S. 71: Florian Leiber, z. V. g.; S. 94: Andreas Brenner, z. V. g.; S. 127: Monika Messmer; S. 130: Monika Messmer, z. V. g.; S. 132: Dean Jaggi; S. 164: z. V. g.; S. 196: z. V. g.
alle anderen Fotos und Illustrationen: Florianne Koechlin

Daphne wird zum Lorbeerbaum (Florianne Koechlin, 2016/17)

S. 103: Skizzen
S. 104f.: Leinwand, ungerahmt, 220 × 140 cm
S. 106: Leinwand, ungerahmt, 220 × 140 cm
S. 107: Leinwand, ungerahmt, 134 × 140 cm
S. 108f.: Leinwand, ungerahmt, 220 × 140 cm
S. 110: Leinwand, ungerahmt, 60 × 140 cm
S. 111: Leinwand, ungerahmt, 84 × 140 cm
S. 112f.: Leinwand, ungerahmt, 210 × 140 cm

Dank

Die Autorinnen danken Sina Bühler, Bettina Dyttrich, Thomas Gröbly, Martin Konetschnig, Christian Körner, Florian Leiber, Simone Schmid und Anet Spengler Neff.

Mozart und die List der Hirse
Natur neu denken
222 Seiten, Softcover
ISBN 978 3 85787 460 4

»Zwölf Reportagen schildern die Vernetzung von Pflanzen, Tieren und Umwelt. Ein italienischer Weinbauer berieselt Reben mit Musik von Mozart – und macht reiche Ernte. Eine Forscherin streichelt Kälber während ihrer ersten drei Lebenswochen – sie sind im Schlachthof weniger gestresst als andere Tiere. Die Autorinnen fordern ökologische Landwirtschaftssysteme, welche die Natur nachahmen und nicht ignorieren. Sehr lesenswert.«
saldo

Florianne Koechlin im Lenos Verlag

Schwatzhafte Tomate, wehrhafter Tabak
Pflanzen neu entdeckt
185 Seiten, broschiert
ISBN 978 3 85787 803 9
LP 203

Ein Buch über die phantastische Welt der Pflanzen, die sich gegenseitig mit Duftstoffen warnen, Nützlinge anlocken und sogar ihr Verhalten koordinieren.

Florianne Koechlin im Lenos Verlag

Jenseits der Blattränder
Eine Annäherung an Pflanzen
235 Seiten, kartoniert
ISBN 978 3 85787 776 6
LP 176

»Ein Muss für alle, die sich für Pflanzen und das grosse Beziehungsnetz der Natur interessieren.«
ökologo

Florianne Koechlin im Lenos Verlag

PflanzenPalaver
Belauschte Geheimnisse der botanischen Welt
237 Seiten, broschiert
ISBN 978 3 85787 785 8
LP 185

»Ein Buch über Denk- und Handlungsalternativen und eine spannende Auseinandersetzung mit der Beziehung Mensch–Pflanze.«
Berliner Zeitung